オブジェクト設計スタイルガイド

Matthias Noback　著

田中 裕一　訳

O'REILLY®
オライリー・ジャパン

Object Design Style Guide

MATTHIAS NOBACK
FOREWORD BY ROSS TUCK

MANNING
SHELTER ISLAND

娘のジュリアへ：
女の子だから何もできないなんて誰にも言わせないで。

世界中の女性たちへ：
プログラマーになることに、どんな形であれ挫折を感じないでほしい。

世界中のプログラマーへ：
私たちのチームに参加したいと思っている
すべての人をできるだけ歓迎しよう。

まえがき

　プログラマーなら誰でも、良い名前の価値を理解できます。名前とは約束事であり、何ができて、何ができないかを教えてくれます。良い名前は、あなたが決断し、前に進むのを助けてくれます。

　しかし、真に良い名前というものはそれ以上のものです。真に良い名前は、それが指し示すものの核心を伝えます。その名前から、作り手の意図やそのものの**存在意義**の一端が示されます。ウォーキートーキー[†1]という名前は、それが何であり、何のためのものなのかを伝えています。名前は必ずしも正確である必要もありません。ヒアリ[†2]は燃えているわけではありませんが、その針で刺されると火傷のような激しい痛みを伴うという特性を表した良い名前です。良い名前は、そのものの特性を明らかにします。

　そして、今あなたが手にしているこの本には、真に良い名前が付けられています。

　"AP Stylebook"（APスタイルブック）や "The Chicago Manual of Style"（シカゴ・マニュアル・オブ・スタイル）など、ジャーナリストがよく使うスタイルガイドをご存じでしょうか。こういった本と同様に、本書は大きなチーム全体で明確で一貫したスタイルを達成するためのガイドラインとガイダンスを提供します。

　このモデルに沿って、Matthias Nobackが目指すのは謙虚で直接的なものです。新しいコンセプトや派手なツール、劇的なブレークスルーはありません。Matthiasは、自分がすでにやっていたことを単に文書化しただけです。彼は、システムを設計するための彼のアプローチを整理し、それを彼のスタイルの要素として抽出しました。

　これらの要素は、既存のパターンに基づいて議論されており、そのいくつかは、みなさんもほかの場所で聞いたことがあるかもしれません。私が本書ですばらしいと思うのは、これらのパターンが単体で使われることはめったにないということを実感できる点です。ページ上では合理的に見えることでも、IDE上で実際に試してみると、ほかのプラクティスと組み合わせないとうまくいかな

---

†1　訳注：トランシーバーのこと。その名前から、歩きながら話すことができることが明確に伝わる。
†2　訳注：英語では"fire ants"と呼ばれ、日本語では「火蟻」と表記することもある。

いことがよくあります。たとえば、依存関係の注入のないユニットテストがいかに難しいかを考えてみてください。

そして、この『オブジェクト設計スタイルガイド』全体は、個々のパターンの価値を単純に合計したよりも大きな価値を提供します。これらのパターンを組み合わせることで、互いにかみ合い、強化し合います。それぞれのトピックを深く掘り下げたものはほかにもありますが、Matthiasが行ったのは、一連のベストプラクティスをまとめて理解可能なスタイルに変えることです。

自分のスタイルを出版することは、奇妙に思われるかもしれませんし、傲慢とさえ思われるかもしれません。なぜ、あなたや私のスタイルではなく、このスタイルに従わなければならないのでしょうか？ 最も厳しい言い方をすれば、括弧やスペースをどこに入れるかを決めるコーディング規約のように、どのスタイルに従うかは問題ではなく、ただひとつのスタイルに従うということが大切です。本書のスタイルは、すでに文書化されているという利点があるだけです。

しかし、その意図は、読者をこのスタイルに縛り付けることではなく、参照できる先を提供することだと私は考えています。イノベーションは制約の中で起こる、と言われます。このスタイルで反復し、改善し、そこから再度スタートしましょう。ただし、自分自身のスタイルを作っていきましょう。なぜなら人によって状況は異なるからです。結局のところ、ラブレターのような新聞より、新聞のようなラブレターのほうがよっぽどひどいわけです。

もし、あなたがまだ納得していないとしても、少なくとも本書によって、レベルの高い実践者の仕事を見る機会が得られるでしょう。そこには、驚くべき正直さと脆弱さが記されています。本書には秘伝のタレも秘伝のテクニックもありません。ここにあるのは、Matthiasが日々の仕事にどのように取り組んでいるかということであり、それ以上でもそれ以下でもないのです。

実際、本書をレビューしている間、彼がコーディングをしているのを肩越しに見ながら、彼がひとつひとつの悩みを吟味し、道具を選んでいるのを聞いて、胸が熱くなったものです。その時私が、彼の慣れ親しんだスタイルに違和感があるものを指摘し、Matthiasが微笑んでこう言う姿を想像したものです。「そうそう、そこがおもしろいところなんだよ」と。

みなさんも、ぜひそんな体験を楽しんでください。

Ross Tuck
rosstuck.com

序文

　プログラミングを学ぶことと、高度なデザインパターンや原理を学ぶことの間を埋めるような、オブジェクト指向プログラマー向けの教材はあまり多くありません。世の中で推奨されている書籍は読みづらく、その理論を日々のコーディングの問題に適用することが困難であることがよくあります。加えて、ほとんどの開発者は書籍を読む時間があまりありません。そのため依然としてプログラミング教育教材には隙間が存在し続けています。

　書籍を読まなくても、時間をかければプログラマーとして成長することができます。設計上のより良い判断をする方法を学ぶことができます。基本的なルールを身につければ、それを常に適用できるようになり、精神的な余裕ができて、コードのほかの興味深い部分に集中できるようになります。つまり、ソフトウェアの書籍を読んでも学べないことは、実は何年もコードと格闘することで学べるのです。

　教育教材の隙間を少しでも埋め、より良いオブジェクト指向のコードを書くのに役立つ提案をするために、私は本書を書きました。提案のほとんどは短くて簡単なものです。技術的には、習得すべきことはそれほど多くはありません。しかし、これらの提案（または「ルール」）に従うことで、コードの些細な部分から、もっと注意を払うに値する興味深い部分へとみなさんの焦点を移すことができると思います。チームの全員が同じルールに従えば、プロジェクトのコードはより統一されたスタイルになるでしょう。

　ですから私は大胆にも、本書で示すオブジェクト設計のルールは、あなたのオブジェクト、そしてプロジェクト全体の品質を向上させると主張します。このことは、本書を新しいチームメンバーのオンボーディングプロセスの一部としても使えるようするという、私が考えていたもうひとつの目標ともうまく合致しています。プロジェクトのコーディング規約を伝え、コミットメッセージやコードレビューのスタイルガイドを伝えた後に、本書を渡すことで、チームがどのように優れたオブジェクト設計を実現しようとしているかを説明できます。

　みなさんやみなさんのチームのオブジェクト設計の旅路がうまくいくことを祈っています。そして、今掲げた目標を到達できるよう私も最大限努力します。

本書について

本書の対象読者

　本書は、少なくともオブジェクト指向プログラミング言語の基本的な知識を持つプログラマー向けです。クラス設計に関して、言語ができることを理解していることが必要です。つまり、クラス定義、クラスのインスタンス化、クラスの拡張、abstractクラス、メソッド定義、メソッド呼び出し、引数とその型の定義、戻り値の型の定義、プロパティとその型の定義、などを理解していることが期待されます。

　また、これらすべてについて、多少なりとも実際に使ったことがあることも期待します。プログラミングの基礎的なコースを終えたばかりの方はもちろん、何年もクラスを扱っている方も、本書を読むことができるはずです。

本書の構成：ロードマップ

　本を書くということは、膨大な量の資料を、比較的小さく扱いやすい形にすることです。ですから、制約のない創造は、カオスしか生み出さないでしょう。制約がある程度あれば、成功する可能性はもっと大きくなります。自らに制約を設定することで、作業中の小さな判断がしやすくなり、行き詰まりを防ぐことができます。

　本書のために私が導入した制約を紹介します。

- 章のタイトルに原則やパターンの名前を入れない。専門用語の意味を覚えなくても、アドバイスが何であるかは明らかであるべきだからです。
- 節を短くする。私は本書を、読み終えるのに何ヵ月もかかるような本にはしたくありません。私は、プログラミングのアドバイスは、神託のような哲学的な不明瞭な言葉の奥深くに埋もれたものではなく、すぐに利用できるものにしたいと考えています。アドバイスは明確でわかりやすくあるべきです。

- **各章に便利なまとめをつける。** アドバイスの一部をすぐに読み返したり参照したいとき、その章全体をもう一度読まなくてはならないようなことがあってはなりません。各章の最後には便利なまとめがあるべきです。
- **コードサンプルはテストへの提案と一緒に提供するべき。** 良いオブジェクト設計は、オブジェクトのテストを容易にします。それと同時に、オブジェクト設計は、適切な方法でテストすることによって改善されます。そのため、オブジェクト設計に関する提案の次に、（ユニット）テストに関する提案を示すことは理にかなっています。

また以下のような取り決めを選びました。

- クラスやメソッドが呼び出される場所を表すために「クライアント」という言葉を使います。「呼び出し元」という言葉を使うこともあります。
- あなたのクラスをインスタンス化したりメソッドを呼び出すプログラマーを表すために「ユーザー」という言葉を使います。多くの場合、これはアプリケーション自体のユーザーではないことに注意してください。
- コードサンプルでは、文を // ... と省略し、式を /* ... */ と省略します。ときどき、// や /* ... */ を、サンプルに文脈を追加するために使うこともあります。

　本書は、オブジェクトを使ったプログラミングについての章（1章）から始まります。この章では、ユニットテストについても非常に簡単に紹介します。この章は、用語に慣れる助けとなり、重要なオブジェクト指向のコンセプトの概要を説明します。

　実際のスタイルガイドは2章から始まります。まず、サービスオブジェクトとそのほかのオブジェクトという2種類のオブジェクトを区別します。そして、サービスオブジェクトはどのように作成されるべきか、またインスタンス化後に操作してはいけないということを説明します。3章では、そのほかのオブジェクトについて、どのように作成すべきか、また場合によっては作成後にどのように操作できるかを説明します（4章）。

　5章では、オブジェクトに振る舞いを追加するメソッドの書き方に関する一般的なガイドラインを説明します。クライアントがオブジェクトに対してできることは2種類あります。オブジェクトから情報を取得すること（6章）と、オブジェクトにタスクを実行させること（7章）です。オブジェクトのこれら2つの使用例には、それぞれ異なる実装ルールがあります。8章では、ライトモデルとリードモデルをどのように区別するかについて説明します。これは、変更を加えることと情報を提供するという責務を複数のオブジェクトに分割するのに役立ちます。

　9章では、サービスオブジェクトの振る舞いを変更する際のアドバイスを提供します。既存のオブジェクトを新しいオブジェクトに合成したり、振る舞いを設定可能にすることで、どのようにサービスの振る舞いを変更したり、強化できるかを示します。

　10章はオブジェクトのフィールドガイドです。アプリケーションのさまざまな領域を紹介し、そ

れらの領域で遭遇する可能性のあるさまざまな種類のオブジェクトを示します。

本書は11章で終わります。オブジェクト設計についてもっと知りたいときに調べるべきトピックの簡単な概要と、さらに読むべきお勧めの本を紹介します。

本書は、最初から最後までを通して学ぶことができますが、リファレンスガイドとしても役立つはずです。もし特定のトピックについてアドバイスが必要な場合は、該当する章に飛んでください。

コードについて

コードサンプルは、多くのオブジェクト指向プログラマーが読めるように最適化された、架空のオブジェクト指向言語で書かれています。この言語は実際には存在しないので、本書のコードはどのような実行環境でも実行できません。PHP、Java、C#などの言語を使った経験があれば、コードサンプルは簡単に理解できると確信しています。本書で使用されている架空の言語の特性について詳しく知りたい方は、本書の付録Aをご覧ください。

一部のコードサンプルには、それに対応するユニットテスト用のコードがあります。xUnitスタイルのテストフレームワーク（PHPUnit、JUnit、NUnitなど）が利用可能であることを想定しています。アサーションや例外チェック、テストダブルの作成などについては、限られた機能にしか頼りません。このため、すべてのコードサンプルは、みなさんのお気に入りのテストフレームワークやライブラリに簡単に移植できるはずです。

お問い合わせ

本書に関する意見、質問等は、オライリー・ジャパンまでお寄せください。連絡先は次の通りです。

株式会社オライリー・ジャパン
電子メール japan@oreilly.co.jp

オライリーがこの本を紹介するWebページには、正誤表やコード例などの追加情報が掲載されています。

https://www.manning.com/books/object-design-style-guide（原書）
https://www.oreilly.co.jp/books/9784814400331（和書）

この本に関する技術的な質問や意見は、次の宛先に電子メール（英文）を送付ください。

bookquestions@oreilly.com

オライリーに関するその他の情報については、次のオライリーのWebサイトを参照してください。

https://www.oreilly.co.jp

https://www.oreilly.com（英語）

オライリー学習プラットフォーム

オライリーはフォーチュン100のうち60社以上から信頼されています。オライリー学習プラットフォームには、6万冊以上の書籍と3万時間以上の動画が用意されています。さらに、業界エキスパートによるライブイベント、インタラクティブなシナリオとサンドボックスを使った実践的な学習、公式認定試験対策資料など、多様なコンテンツを提供しています。

https://www.oreilly.co.jp/online-learning/

また以下のページでは、オライリー学習プラットフォームに関するよくある質問とその回答を紹介しています。

https://www.oreilly.co.jp/online-learning/learning-platform-faq.html

謝辞

本編に入る前に、ここで何人かの方にお礼を言わせてください。まず、本書が完成する前に買ってくださった125人の方に感謝します。これはとても励みになりました！ Сергей Лукьяненко、Iosif Chiriluta、Nikola Paunovic、Niko Mouk、Damon Jones、Mo Khalediからのフィードバックに大変感謝します。特にRémon van de Kampには、洞察に満ちたコメントの数々をいただきました。

また、本書を徹底的にレビューしてくれたRoss TuckとLaura Codyに大きな感謝を捧げます。二人の指摘のおかげで、論旨が改善され、進行がよりスムーズになり、誤読のリスクを減らすことができました。

これらはすべてManning Publicationsに本書を採用してもらい、一緒に出版に向けて取り組む前に起こったことです。Mike Stephens、私の提案を受け入れてくれてありがとう。本当にすばらしい経験でした。どのスタッフとの会話も、とても役に立ちました。プロダクションエディタのDeirdre Hiam、コピーエディタのAndy Carroll、校正のKeri Hales、レビューエディタのAleksandar Dragosavljević、技術開発エディタのTanya Wilke、技術校正のJustin Coulston。このプロジェクトにご尽力いただき、本当にありがとうございました！

またレビュアーの皆様にもお礼を申し上げます。Angel R. Rodriguez、Bruno Sonnino、Carlos

Ezequiel Curotto、Charles Soetan、Harald Kuhn、Joseph Timothy Lyons、Justin Coulston、Maria Gemini、Patrick Regan、Paul Grebenc、Samantha Berk、Scott Steinman、Shayn Cornwell、Steve Westwood。

　特に、このプロジェクトの開発エディタであるElesha Hydeに感謝します。彼女はこのプロセスを管理する上ですばらしい仕事をしてくれただけでなく、本書の教育的価値を高めるために貴重な意見も提供してくれました。

目　次

1章
オブジェクトを使った
プログラミング入門

本章の内容

- オブジェクトの利用
- ユニットテスト
- 動的配列

　実際のスタイルガイドに入る前に、本章ではオブジェクトを使ったプログラミングの基本的な側面を取り上げます。本章では、いくつかの重要な概念について簡単に説明し、以降の章で使用する用語を定めます。

　本章では、次のようなトピックを取り上げます。

- **クラスとオブジェクト** — クラスに基づいたオブジェクトの作成、コンストラクタの使用、スタティックメソッドとオブジェクトメソッド、新しいインスタンスを生成するためのスタティックファクトリメソッド、コンストラクタ内での例外の使用（「1.1 クラスとオブジェクト」）
- **状態** — プライベートプロパティとパブリックプロパティの定義、プロパティへの値の代入、定数、ミュータブルな状態とイミュータブルな状態（「1.2 状態」）
- **振る舞い** — プライベートメソッドとパブリックメソッド、引数として値を渡すこと、`NullPointerException`（「1.3 振る舞い」）
- **依存関係** — 依存関係のインスタンス化、依存関係の発見、コンストラクタ引数としての依存関係の注入（「1.4 依存関係」）
- **継承** — インタフェース、抽象クラス、実装のオーバーライド、`final`クラス（「1.5 継承」）
- **ポリモフィズム** — 同じインタフェースで異なる動作（「1.6 ポリモフィズム」）

- **コンポジション** ── プロパティへのオブジェクトの代入、より高度なオブジェクトの構築（「1.7 コンポジション」）
- **Return文と例外** ── メソッドから値を返すこと、メソッド内で例外を投げること、例外を捕捉すること、カスタム例外クラスの定義（「1.9 Return文と例外」）
- **ユニットテスト** ── Arrange-Act-Assert、失敗のテスト、テストダブルを使った依存関係の置き換え（「1.10 ユニットテスト」）
- **動的配列** ── 動的配列を使ったリストやマップの作成（「1.11 動的配列」）

これらすべてのトピックにある程度慣れている方は、本章を読み飛ばして2章に進んでください。もし、あまり詳しくないトピックがあれば、対応する節をご覧ください。オブジェクト指向のプログラマーになりたての人は、本章をすべて読むことをお勧めします。

1.1　クラスとオブジェクト

オブジェクトの実行時の動作は、そのクラス定義によって決まります。クラスを使用することで、いくつでもオブジェクトを作成できます。次のリストは、状態や振る舞いを持たず、インスタンス化が可能な単純なクラスを示しています。

例1-1　最小限のクラス

```
class Foo
{
    // 何もない
}

object1 = new Foo();
object2 = new Foo();

object1 == object2 // false ❶
```

❶　同じクラスから作られたとしても、2つのインスタンスは同一とみなされない。

インスタンスを生成したら、そのインスタンスに対してメソッドを呼び出すことができます。

例1-2　インスタンスに対するメソッドの呼び出し

```
class Foo
{
    public function someMethod(): void
    {
        // 何かの処理を実行
    }
}

object1 = new Foo();
object1.someMethod();
```

　someMethod()のような通常のメソッドは、クラスの**インスタンス**に対してのみ呼び出すことができます。このようなメソッドを**オブジェクトメソッド**と呼びます。また、インスタンスが**なくても**呼び出せるメソッドも定義できます。これを**スタティックメソッド**と呼びます。

例1-3　スタティックメソッドの定義

```
class Foo
{
    public function anObjectMethod(): void
    {
        // ...
    }

    public static function aStaticMethod(): void
    {
        // ...
    }
}

object1 = new Foo();
object1.anObjectMethod(); ❶

Foo.aStaticMethod();        ❷
```

❶　anObjectMethod()はFooのインスタンスに対してのみ呼び出すことができる。
❷　aStaticMethod()は、インスタンスがなくても呼び出すことができる。

　オブジェクトメソッドとスタティックメソッドに加えて、クラスには**コンストラクタ**という特別なメソッドを含めることができます。このメソッドは、オブジェクトが作成される際に、そのオブジェクトへの参照を返す前に呼び出されます。オブジェクトが使用される前に何か準備をする必要がある場合は、コンストラクタの中でそれを行うことができます。

例1-4　コンストラクタメソッドの定義

```
class Foo
{
    public function __construct()
    {
        // オブジェクトの準備
    }
}

object1 = new Foo(); ❶
```

❶　Fooインスタンスがobject1に代入される前に__construct()が暗黙的に呼び出される。

　次のリストに示すように、コンストラクタの中で**例外**を投げることで、オブジェクトがインスタンス化されるのを防ぐことができます。例外については「1.9 Return文と例外」でさらに詳しく紹介します。

例1-5　コンストラクタの中で例外を投げる

```
class Foo
{
    public function __construct()
    {
        throw new RuntimeException(); ❶
    }
}

try {
    object1 = new Foo();
} catch (RuntimeException exception) {
    // ここでは `object1` は未定義となる
}
```

❶　　Fooのコンストラクタは常に例外を投げるので、インスタンス化できない。

　クラスをインスタンス化する標準的な方法は、先ほど見たようにnew演算子を使用することです。また、クラス自体にスタティック**ファクトリメソッド**を定義して、そのクラスの新しいインスタンスを返すことも可能です。

例1-6　スタティックファクトリメソッドの定義

```
class Foo
{
    public static function create(): Foo
    {
        return new Foo();
    }
}

object1 = Foo.create();
object2 = Foo.create();
```

　create()メソッドは、クラスのインスタンスに対してではなく、クラスに対して呼び出す必要があるため、staticとして定義する必要があります。

1.2　状態

　オブジェクトはデータを持つことができます。このデータは**プロパティ**に格納されます。プロパティは**名前**と**型**を持ちます。インスタンス化された後、任意のタイミングでプロパティに値を代入できます。一般的には、コンストラクタの中でプロパティに値を代入します。

例1-7　プロパティの定義と値の代入

```
class Foo
{
    private int someNumber;
    private string someString;
```

```
    public function __construct()
    {
        this.someNumber = 10;
        this.someString = 'Hello, world!';
    }
}

object1 = new Foo(); ❶
```

❶　インスタンス化された後、someNumberとsomeStringにはそれぞれ10と'Hello, world!'が格納される。

　オブジェクトに含まれるデータは、**状態**とも呼ばれます。先の例のように、もしそのデータがハードコードされるのであれば、プロパティ定義の一部とするか、そのための定数を定義したほうがよいかもしれません。

例1-8　定数の定義

```
class Foo
{
    private const int someNumber = 10; ❶
    private someString = 'Hello, world!';
}
```

❶　プログラミング言語によって構文が異なる。たとえばJavaでは「final private int someNumber」と記述する。

　一方、プロパティの初期値を**可変**にしたい場合は、クライアントからコンストラクタ引数として、その値を渡してもらうことができます。コンストラクタに引数を追加することで、クラスのインスタンス化時にクライアントから値を必ず渡してもらうようにできます。

例1-9　コンストラクタ引数の追加

```
class Foo
{
    private int someNumber;

    public function __construct(int initialNumber)
    {
        this.someNumber = initialNumber;
    }
}
object1 = new Foo(); // うまくいかない ❶
object2 = new Foo(20);                ❷
```

❶　initialNumberの値を指定しないとFooのインスタンス化はできない。
❷　これはうまくいく。新しいFooインスタンスのsomeNumberプロパティに初期値として20を代入している。

　someNumberプロパティとsomeStringプロパティをprivateとすることで、Fooのインスタンスのみがこれらのプロパティを使用できるようにできます。これを**スコープ**と呼びます。そのほ

かのプロパティのスコープには`protected`（「1.5 継承」を参照）と`public`があります。プロパティを`public`にすると、あらゆるクライアントがそのプロパティにアクセスできます。

例1-10　publicプロパティの定義と使用

```
class Foo
{
    public const int someNumber;

    public string someString;

    // ...
}

object1 = new Foo();
number = object1.someNumber;      ❶
object1.someString = 'Cliché';    ❷
```

❶　someNumberは定数として定義されているので、その値を変更することはできないが、取得はできる。
❷　someStringは定数ではなく、publicなので変更できる。

プライベートスコープをデフォルトにする

　一般に`private`スコープは望ましいものであり、デフォルトの選択であるべきです。オブジェクトのデータへのアクセスを制限することで、オブジェクトはその実装の詳細を自分自身にとどめておくことができます。そうすることで、クライアントがオブジェクトのデータに依存せず、明示的に定義されたパブリックメソッド（メソッドの詳細は「1.3 振る舞い」を参照）を使用してオブジェクトと対話するようにします。この話題については、たとえば「6.3 内部状態を公開するようなクエリメソッドは避ける」や「9.8 デフォルトでメソッドやプロパティを`private`とする」といった後の章で詳しく説明します。

　プロパティのスコープ（メソッドのスコープも同様。「1.3 振る舞い」を参照）はクラスベースです。つまりプロパティが`private`の場合であっても、このプロパティには、同じクラスの**あらゆる**インスタンス（自分自身を含む）がアクセスできます。

例1-11　ほかのインスタンスのprivateプロパティへのアクセス

```
class Foo
{
    private int someNumber;

    // ...

    public function getSomeNumber(): int
    {
```

```
            return this.someNumber;        ❶
    }

    public function getSomeNumberFrom(Foo other): int
    {
            return other.someNumber;        ❷
    }
}

object1 = new Foo();
object2 = new Foo();

object2.getSomeNumberFrom(object1); ❸
```

❶ Fooインスタンスは、もちろん自分自身のsomeNumberプロパティにアクセスできる。
❷ Fooインスタンスは、ほかのオブジェクトのprivateプロパティsomeNumberにもアクセスできる。
❸ これはobject1のsomeNumberプロパティの値を返す。

オブジェクトのプロパティの値が、そのオブジェクトの生存期間中に変更される可能性がある場合、それは**ミュータブル**オブジェクトとみなされます。オブジェクトのプロパティがインスタンス化後に一切変更できない場合、そのオブジェクトは**イミュータブル**オブジェクトとみなされます。次のリストは、両方のケースの例を示しています。

例1-12 ミュータブルオブジェクト vs. イミュータブルオブジェクト

```
class Mutable
{
    private int someNumber;

    public function __construct(int initialNumber)
    {
        this.someNumber = initialNumber;
    }

    public function increase(): void
    {
        this.someNumber = this.someNumber + 1;
    }
}

class Immutable
{
    private int someNumber;

    public function __construct(int initialNumber)
    {
        this.someNumber = initialNumber;
    }

    public function increase(): Immutable
    {
        return new Immutable(someNumber + 1);
    }
}
```

```
object1 = new Mutable(10);
object1.increase();          ❶

object2 = new Immutable(10);
object2 = object2.increase(); ❷
```

❶　Mutableに対してincrease()を呼び出すと、object1のsomeNumberプロパティの値が変化して、object1
　　の状態が変化する。
❷　Immutableに対してincrease()を呼び出しても、object2の状態は変わらない。その代わりにsomeNumber
　　の値が増加した新しいインスタンスを受け取る。

「4.4 イミュータブルオブジェクトを優先する」では、ミュータブルなオブジェクトについて、ま
たそれをイミュータブルにする方法について詳しく見ていきます。

1.3　振る舞い

　状態に加えて、オブジェクトはクライアントが利用できる振る舞いを持ちます。振る舞いは、オ
ブジェクトのクラスでメソッドとして定義されます。publicメソッドは、オブジェクトのクライ
アントがアクセスできるメソッドです。これらのメソッドは、オブジェクトが作成された後、いつ
でも呼び出すことができます。

　呼び出し側に何かを返すメソッドもあります。その場合、**戻り値の型**として明示的に型を宣言し
ます。また、何も返さないメソッドもあります。その場合、戻り値の型はvoidになります。

例1-13　オブジェクトの振る舞いはパブリックメソッドとして定義される

```
class Foo
{
    public function someMethod(): int
    {
        return /* ... */;
    }
    public function someOtherMethod(): void
    {
        // ...
    }
}

object1 = new Foo();
value = object1.someMethod(); ❶

object1.someOtherMethod();    ❷
```

❶　someMethod()は整数を返すので、その値を変数に代入できる。
❷　someOtherMethod()は何も返さないので、クライアントは戻り値を取得できない。

　クラスにはprivateメソッドも定義できます。これはプライベートプロパティと同じように動
作します。あるクラスのインスタンスは、自分自身を含む同じクラスのほかのインスタンスに対し
てプライベートメソッドを呼び出すことができます。しかし通常プライベートメソッドは、より大

きなプロセスのひとつのステップを表すために使われます。

例1-14 private**メソッド**

```
class Foo
{
    public function someMethod(): int
    {
        value = this.stepOne();

        return this.stepTwo(value);
    }

    private function stepOne(): int
    {
        // ...
    }

    private function stepTwo(int value): int
    {
        // ...
    }
}
```

　コンストラクタ引数を定義するのと同じように、メソッド引数を定義することもできます。その場合、呼び出し側は、メソッドを呼び出すときに引数として値を指定する必要があります。メソッドはその値を使って何をすべきかを決定したり、連携するオブジェクトに渡したり、プロパティの値を変更するために使うことができます。

例1-15　メソッド引数の使い方

```
class Foo
{
    private int number;

    public function setNumber(int newNumber): void    ❶
    {
        this.number = newNumber;
    }

    private function multiply(int other): int          ❷
    {
        return this.number * other;
    }

    private function someOtherMethod(Bar bar): void  ❸
    {
        bar.doSomething();
    }
}
```

❶　ここでnewNumberはnumberプロパティの新しい値になる。
❷　この場合otherと現在のnumberプロパティの値を乗算する。
❸　ここでは引数として別のオブジェクトが渡され、Fooはそのオブジェクトに対してメソッドを呼び出す。

---

null引数のチェック

　言語によっては、パラメータの型が明示的に宣言されている場合でも、クライアントが引数として null を渡すことができます。つまり、**例1-15** の someOtherMethod では、bar の型が Bar であるにもかかわらず、渡される引数が null である可能性があるということです。そのため bar に対して doSomething() を呼び出そうとすると、NullPointerException が投げられる可能性があります。そのため常に引数の値が null かどうかをチェックするか、できればコンパイラや静的解析器が潜在的な NullPointerException に対して警告を出すようにしましょう。

　本書で使用する架空のプログラミング言語は、デフォルトで引数として null を渡すことを**許可しません**。null を許可したい場合は、メソッド引数の型宣言の後にクエスチョンマーク（?）を使って明示的に宣言する必要があります。これは、プロパティの型や戻り値の型にも当てはまります。

```
class Foo
{
    private string? foo;

    private function someOtherMethod(Bar? bar): Baz?
    {
        // ...
    }
}
```

1.4　依存関係

　オブジェクト Foo が仕事をするためにオブジェクト Bar を必要とする場合、Bar を Foo の**依存関係**と呼びます。Foo が依存関係 Bar にアクセスできようになるには、さまざまな方法があります。

- Foo が Bar をインスタンス化する。
- Foo が既知の場所から Bar インスタンスを取得する。
- Foo を作成する時に Bar インスタンスを注入してもらう。

次のリストに、それぞれの選択肢の例を示します。

例1-16　Foo が Logger インスタンスにアクセスするためのさまざまな方法

```
class Foo
{
    public function someMethod(): void
    {
        logger = new Logger();              ❶
```

```
            logger.debug('...');
        }
    }
    class Foo
    {
        public function someMethod(): void
        {
            logger = ServiceLocator.getLogger();   ❷
            logger.debug('...');
        }
    }
    class Foo
    {
        private Logger logger;
        public function __construct(Logger logger)
        {
            this.logger = logger;                  ❸
        }
        public function someMethod(): void
        {
            this.logger.debug('...');
        }
    }
```

❶ Foo が必要なときに Logger をインスタンス化する。
❷ Foo が既知の場所から Logger インスタンスを取得する。
❸ Foo がコンストラクタ引数として Logger のインスタンスを渡してもらう。

　依存関係の扱い方については、「2.2 依存関係や設定値をコンストラクタ引数として渡す」で詳しく説明します。ここでは、既知の場所から依存関係を取得することを**サービスロケーション**と呼び、依存関係をコンストラクタ引数として取得することを**依存関係の注入**（dependency injection）と呼ぶと覚えると良いでしょう。

1.5　継承

　クラスの一部だけを定義し、ほかのクラスにそのクラスを拡張させることができます。たとえば、プロパティやメソッドを持たず、メソッドのシグネチャ[†1]だけを持つクラスを定義できます。このようなクラスは通常**インタフェース**と呼ばれ、多くのオブジェクト指向言語で定義が可能です。そして、クラスはそのインタフェースを実装し、インタフェースで定義されたメソッドの実際の実装を提供します。

---

†1　訳注：メソッドのシグネチャとは、そのメソッドの名前、引数の定義、戻り値の型を指す。

例1-17　Fooインタフェースを「実装」したBarとBaz

```
interface Foo
{
    public function foo(): void;  ❶
}

class Bar implements Foo         ❷
{
}

class Baz implements Foo         ❸
{
    public foo(): void
    {
        // ...
    }
}
```

❶　Fooインタフェースはfoo()メソッドを宣言しているが、実装は提供していない。
❷　Barはfoo()メソッドの実装を持たないので、Fooの実装としては正しくない。
❸　Bazは、foo()メソッドを実装しているので、Fooの正しい実装。

　インタフェースは実装を定義しませんが、**抽象クラス**は実装を定義します。抽象クラスでは、あるメソッドの実装を提供し、ほかのメソッドではシグネチャだけを提供する[†2]ということが可能です。抽象クラスはインスタンス化できず、抽象メソッドの実装を提供するクラスによって拡張される必要があります。

例1-18　Bazによる抽象クラスFooの拡張

```
abstract class Foo
{
    abstract public function foo(): void;  ❶

    public function bar(): void            ❷
    {
        // ...
    }
}

class Baz extends Foo                       ❸
{
    public function foo(): void
    {
    }
}
```

❶　foo()は抽象メソッドであり、サブクラス[†3]で定義する必要がある。
❷　Fooはbar()メソッドの実装を提供している。
❸　抽象メソッドであるfoo()の実装を提供しているので、BazはFooの正しい実装。

---

†2　訳注：シグネチャだけを提供するメソッドのことを抽象メソッドと呼ぶ。
†3　訳注：あるクラスを継承するクラスを指す。

```
            this.foo = foo;
        }
    }
```

　あるオブジェクトをほかのオブジェクトのプロパティに代入することを**オブジェクトコンポジション**（オブジェクト合成）と呼びます。より単純なオブジェクトから、より複雑なオブジェクトを作り上げるわけです。その際、オブジェクトコンポジションはポリモフィズムと組み合わせることができます。つまり、ほかのオブジェクトを使って合成する際に、そのオブジェクトの実際のクラスはわからなくても、その（インタフェースの）型を知っていれば合成できるわけです。

　サービスオブジェクトにおいてコンポジションを使うことで、その振る舞いの一部を変更可能にできます。また、エンティティ（**モデル**としても知られます）のようなほかの種類のオブジェクトでも、関連する子要素のためにコンポジションが使用されます。たとえば、Lineオブジェクトを含むOrderオブジェクト[†5]は、注文とその明細行の間の関係を表すためにコンポジションを使用できます。その場合、クライアントは単一のLineオブジェクトではなく、Lineオブジェクトのコレクション（配列）を提供することになるでしょう。

例1-26　Orderオブジェクトは、そのプロパティに複数のLineオブジェクトを代入する

```
final class Order
{
    private array lines;

    public function __construct(array lines)
    {
        this.lines = lines; ❶
    }
}
```

❶　linesの各要素はLineオブジェクト。

1.8　クラスの整理

　プログラミング言語は、複数のクラスを整理するために、ディレクトリ、名前空間、コンポーネント、モジュール、パッケージなど、さまざまな選択肢を提供します。言語によっては、クラスをそのモジュールやパッケージの中だけにとどめておく方法を提供するものもあります。プロパティやメソッドのスコープと同様に、これはモジュール間の結合を可能とする箇所を減らすのに役立ちます。本書では、クラスをより大きなグループにまとめるための具体的なルールは扱わず、クラス自体の設計ルールに焦点を当てます。コンポーネントレベルの構成の原則に興味がある方は、私の別の著作である "Principles of Package Design"（Apress、2018年）をご覧ください。

---

†5　訳注：ここでOrderオブジェクトは注文を表し、Lineオブジェクトはその注文の各明細行を表している。

1.9　Return文と例外

　メソッドを呼び出すと、通常return文に遭遇するか、メソッドの終わりに達するまで、上から順に文単位で実行されます。ある時点でメソッドをそれ以上実行したくない場合は、return文を挿入して、メソッドの残りの部分をスキップできます。

例1-27　return文でメソッドをそれ以上実行しない

```
final class Foo
{
    public function someMethod(): void
    {
        if (/* ここで処理を中断すべきか？ */) {
            return;        ❶
        }

        // ...
    }

    public function someOtherMethod(): bool
    {
        if (/* ここで処理を中断すべきか？ */) {
            return false; ❷
        }

        // ...

        return true;
    }
}
```

❶　メソッドの戻り値の型がvoidの場合は何も返さない。
❷　メソッドが特定の戻り値の型を持つ場合は、特定の値を返す。

　メソッドの実行を停止するもうひとつの方法は、メソッド内で**例外を投げる**ことです。例外は特殊なオブジェクトで、インスタンス化されると、そのオブジェクトがどこでインスタンス化され、その前に何が起こったかについての情報（いわゆる**スタックトレース**）を収集します。通常、例外は次のような失敗を表す場合に使います。

- 間違ったメソッド引数が渡された。
- マップに指定されたキーの値がない。
- 外部サービスに到達できない。

　次のリストは、例外を投げる方法を示しています。

例1-28　例外を投げると、それ以降のメソッドの処理は実行されない

```
final class Foo
{
    public function someMethod(): void
```

```
    {
        if (/* ここで処理を中断すべきか？ */) {
            throw new RuntimeException(
                'Something is wrong' ❶
            );
        }

        // ...
    }
}
```

❶　例外にカスタムメッセージを指定できる。

　メソッドが正しく仕事を実行できないことが明らかになったら、すぐに例外を投げる必要があります。単純なreturn文との違いは、例外が投げられた場合、メソッドは何も返さないという点です。実際、実行は停止し、try/catchブロックでメソッド呼び出しを包んだクライアントのみがその例外を捕捉できます。次のリストに、それがどのように動作するかを示します。

例1-29　クライアントはtry/catchブロックを使用すれば例外から回復できる

```
foo = new Foo();

try {
    foo.someMethod();
} catch (Exception) {
    // ... ❶
}
```

❶　someMethod()が例外を投げた場合、catch()がそれを捕捉し、処理を続行できる。

　さまざまなプログラミング言語は、組込みの例外クラスを持ちます。それらはRuntimeException extends ExceptionやInvalidArgumentException extends LogicExceptionのように、ある種の階層を形成します。またカスタム例外クラスも定義できます。カスタム例外クラスは、常に組込みの例外クラスのいずれかを拡張する必要があります。次のリストに、その例を示します。

例1-30　カスタム例外の定義

```
final class CanNotFindFoo extends RuntimeException
{
    // ...
}

final class Foo
{
    public function someMethod(): void
    {
        if (/* ここで処理を中断すべきか？ */) {
            throw new CanNotFindFoo();
        }

        // ...
    }
}
```

　例外はオブジェクト設計において重要な要素です。これは、クライアントがオブジェクトに期待する振る舞いの一部を構成します。例外については、のちほど「5.2 例外に関するルール」などで詳しく説明します。

1.10　ユニットテスト

　クラスを書くことによってオブジェクトを定義するだけでは十分ではありません。オブジェクトには目的があります。特定のタスクを実行するため、あるいは特定の疑問への回答を提供するために使われます。オブジェクトを信頼できるものにするためには、オブジェクトはクライアントが期待するように振る舞う必要があります。もちろん、コードを少し書いて、コンパイルしてアプリケーションを実行し、書いたものが期待通りの結果をもたらすかどうかを確かめることはできます。しかし、オブジェクトをインスタンス化し、そのメソッドを呼び出し、その結果を期待する値と比較するスクリプトを書く方がより確実でしょう。

　ユニットテストフレームワークは、このような「スクリプト化する」アプローチを支援します。フレームワークは、**テスト**クラスと呼ばれる特定の種類のクラスを探します。そして、それぞれのテストクラスをインスタンス化し、テストとしてマークされた各メソッド（@testアノテーションが付いたメソッド）を呼び出します。

　各テストメソッドの基本的な構造は、Arrange-Act-Assertです。

1. Arrange — テスト対象となるオブジェクト（SUT、Subject Under Testとも呼ばれる）を、ある状態にする。
2. Act — メソッドを呼び出す。
3. Assert — その結果の状態について、何らかのアサーションを行う。

　次のリストは、単純なクラスとそれに対するユニットテストを示しています。

例1-31　ユニットテストを含むシンプルなクラス

```
final class Foo
{
    private int someNumber;

    public function __construct(int startWith)
    {
        this.someNumber = startWith;
    }

    public function increment(): void
    {
        this.someNumber++;
    }

    public function someNumber(): int
```

```
        {
            return this.someNumber;
        }
    }

    final class FooTest
    {
        /**
         * @test
         */
        public function you_can_start_with_a_given_number(): void
        {
            // Arrange
            foo = new Foo(10);

            // Act            ❶

            // Assert
            assertEquals(10, foo.someNumber());
        }

        /**
         * @test
         */
        public function you_can_increment_the_number(): void
        {
            // Arrange
            foo = new Foo(10);

            // Act
            foo.increment(); ❷

            // Assert
            assertEquals(11, foo.someNumber());
        }
    }
```

❶　ここではアクションは実行せず、単にオブジェクトの期待される状態を検証しているだけ。
❷　ここでは、アクションであるincrement()を呼び出し、その後オブジェクトが期待通りの状態であることを
　　検証している。

　2つ目のテストで、someNumber()の戻り値が期待通りの値、つまり11であれば、すべては順調
です。処理は継続され、テストフレームワークに制御を戻します。しかし、someNumber()がまだ
完全に実装されていない、あるいは間違って実装されていた場合は、assertEquals()の呼び出し
で例外が投げられます。たとえばsomeNumber()が20を返した場合、テストフレームワークはこ
のテストが**失敗**したと記録します。問題を修正して再度テストを実行すれば、テストは**成功**します。
　assertEquals()およびそれに関連するassertTrue()やassertNull()などのアサーショ
ンは、通常テストフレームワークに組み込まれています。これらは、メソッドの呼び出しに成功し
たときに想定される戻り値と、実際の戻り値を比較するために使用します。しかし、時には意図し
てメソッド呼び出しが失敗することを検証したい場合もあるでしょう。たとえばFooのコンストラ

クタに渡す初期値に制限がある場合（たとえば「0以上でなければならない」など）、負の数値を渡すとFooが例外を投げることをユニットテストで検証したいでしょう。次のリストは、その検証のコードを自分で書いた場合を示しています。

例1-32　失敗のテスト

```
final class Foo
{
    private int someNumber;

    public function __construct(int startWith)
    {
        if (startWith < 0) {
            throw new InvalidArgumentException(
                'A negative starting number is not allowed'
            );
        }
        this.someNumber = startWith;
    }

    // ...
}

final class FooTest
{
    /**
     * @test
     */
    public function you_cannot_start_with_a_negative_number(): void
    {
        try {
            new Foo(-10);
            throw new RuntimeException(                              ❶
                'The constructor should have failed'
            );
        } catch (Exception exception) {
            if (exception.className != InvalidArgumentException.className) {
                throw new RuntimeException(                          ❷
                    'We expected a different type of exception'
                );
            }

            assertContains('negative', exception.getMessage()); ❸
        }
    }

    // ...
}
```

❶　Fooを負の数値でインスタンス化しても例外が発生しない場合、テストを失敗とする。
❷　捕捉した例外のクラスが期待した例外クラスと一致しない場合、テストを失敗とする。
❸　最後に、例外のメッセージに期待されるキーワードが含まれているかどうかを確認する。

このように、失敗のテストを自分で書くと、多くの定型的なコードが必要となります。幸いなこ

とに、テストフレームワークには、次のリストで示す`expectException()`ユーティリティ関数の
ような、例外をテストするためのツールが用意されていることが多いです。

例1-33　失敗をテストするためのユーティリティ関数

```
final class FooTest
{
    /**
     * @test
     */
    public function you_cannot_start_with_a_negative_number(): void
    {
        expectException(
            InvalidArgumentException.className, ❶
            'negative',                        ❷
            function () {                      ❸
                new Foo(-10);
            }
        );
    }

    // ...
}
```

❶　期待する例外クラス
❷　期待するメッセージキーワード
❸　失敗することを期待するメソッドを呼び出す無名関数

　テスト対象のオブジェクトに依存関係がある場合、テストの際には実際の依存関係を使用したく
ない場合があります。たとえば、その依存関係によってデータベースが変更されたり、メールが送
信されたりするかもしれません。テストを実行するたびに、これらの望ましくない副作用が発生す
ることになります。このような場合、実際の依存関係を代わりとなるオブジェクト[†6]で置き換える
ことができます。このオブジェクトは、実際の依存関係のように見えますが、本来の振る舞いの一
部を置き換えたものです。次のリストに、その例を示します。

例1-34　テストダブルの使用

```
interface Mailer
{
    public function sendWelcomeEmail(UserId userId): void;
}

final class ActualMailer implements Mailer  ❶
{
    public function sendWelcomeEmail(UserId userId): void
    {
        // 実際にメールを送る
    }
}
```

---

†6　訳注：こういったオブジェクトのことを「テストダブル」と呼ぶ。

```
final class StandInMailer implements Mailer ❶
{
    public function sendWelcomeEmail(UserId userId): void
    {
        // 何もしない
    }
}

class Foo
{
    private Mailer mailer;

    public function __construct(Mailer mailer)
    {
        this.mailer = mailer;
    }
}
// テスト
foo = new Foo(new StandInMailer());         ❷
```

❶　依存関係のインタフェースを定義し、それに対する代替の実装を提供する。
❷　テストでは、代わりのオブジェクトをコンストラクタ引数として渡してFooをインスタンス化する。

　Fooが実際にsendWelcomeEmail()を呼び出したかどうかも確認したい場合は、モックと呼ばれる特殊な代替オブジェクトを使用します。テストフレームワークでは、通常このようなモックを作成し、必要なアサーションを行うためのツールを提供しています。次のリストは、特別なツールを使用せずにモックを作成する例です。

例1-35　単純なモックを使って、あるメソッドが実際に呼び出されたことを確認する

```
final class MockMailer implements Mailer
{
    private bool hasBeenCalled = false;

    public function sendWelcomeEmail(UserId userId): void
    {
        this.hasBeenCalled = true;          ❶
    }

    public function hasBeenCalled(): bool
    {
        return this.hasBeenCalled;
    }
}

class Foo
{
    private Mailer mailer;

    public function __construct(Mailer mailer)
    {
        this.mailer = mailer;
    }
```

```
    public function someMethod(): void
    {
        this.mailer.sendWelcomeEmail();
    }
}

// テスト
mockMailer = new MockMailer();
foo = new Foo(mockMailer);              ❷

foo.someMethod();

assertTrue(mockMailer.hasBeenCalled()); ❸
```

❶　このモックが行う唯一のことは sendWelcomeEmail() メソッドが呼ばれたことを記録することだけ。
❷　モックを依存関係として渡す。
❸　テストの最後に、モックが実際に sendWelcomeEmail() の呼び出しを受けたかどうかを検証する。

　テストダブルについては、「6.6 クエリメソッドのテストダブルにはスタブを使う」と「7.7 モックで検証するのはコマンドメソッドの呼び出しのみとする」でさらに詳しく説明します。

　テストやその方法については、ほかにもたくさん紹介することがありますが、本書の範囲を超えてしまいます[7]。本節では、ユニットテストで使用する基本的なテクニックをいくつか紹介しました。本書の後半で、より詳細な例と議論を行います。

1.11　動的配列

　本書は、オブジェクト設計のスタイルガイドです。そのため、ほとんどのコードサンプルは、クラス、プロパティ、およびメソッドに焦点を当てます。メソッド内部のコードはあまり重要ではないので、できるだけシンプルにするよう心がけました。しかし、いくつかの例ではマップやリストのようなデータ構造が必要でした。専用のListクラスやMapクラスを使い、その要素のキーや値の型を明示的に指定すると、コードサンプルが冗長になりすぎるため、代わりに**動的配列**として知られるものを使うことにしました。

　動的配列はリストとマップの両方を作成するために使用できるデータ構造です。**リスト**とは、特定の順序で並べられた値のコレクションです。リストはループで要素をたどることができ、インデックス（0から始まる整数）を使って特定の値を取得できます。

例1-36　リストとして使われる動的配列

```
emptyList = [];
```

---

[7]　このトピックに関するほかの良書として、Kent Beck 著『テスト駆動開発』（オーム社、2017年、原書 "Test-Driven Development: By Example" Addison-Wesley Professional）、Steve Freeman、Nat Pryce 著『実践テスト駆動開発』（翔泳社、2012年、原書 "Growing Object-Oriented Software, Guided by Tests" Addison-Wesley Professional）、Gerard Meszaros 著 "XUnit Test Patterns"（Addison-Wesley Professional、2007年）があります。

```
listOfStrings = ['foo', 'bar'];

// リストをループ：
foreach (listOfStrings as key => value) {
    // 1回目： key = 0, value = 'foo'
    // 2回目： key = 1, value = 'bar'
}

// もしキーが不要である場合：
foreach (listOfStrings as value) {
    // 1回目： value = 'foo'
    // 2回目： value = 'bar'
}

// 特定のインデックスの値を取得：
fooString = listOfStrings[0];
barString = listOfStrings[1];

// リストにアイテムを追加：
listOfStrings[] = 'baz';
```

　マップも値のコレクションですが、値は特定の順序を持ちません。その代わり、stringである
キーに値を紐付けてマップに追加できます。このキーを使って、後でマップからその値を取り出す
ことができます。次のリストは、動的配列をマップとして使用する場合の例を示しています。

例1-37　マップとして使われる動的配列

```
emptyMap = [];

mapOfStrings = [
    'foo' => 'bar',
    'bar' => 'baz'
];

// マップをループ：
foreach (mapOfStrings as key => value) {
    // 1回目： key = 'foo', value = 'bar'
    // 2回目： key = 'bar', value = 'baz'
}

// 特定のインデックスの値を取得：
fooString = mapOfStrings['foo'];
barString = mapOfStrings['bar'];

// マップにアイテムを追加：
mapOfStrings['baz'] = 'foo';
```

　これらの配列が**動的**と呼ばれるのは、キーや値の型を宣言する必要がないことと、初期サイズを
指定する必要がないためです。動的配列は、新しい値を追加するたびに自動的に大きくなります。

1.12　まとめ

- オブジェクトは、指定されたクラスに基づいてインスタンス化されます。
- クラスは、プロパティ、定数、メソッドを定義します。
- プライベートなプロパティとメソッドは、同じクラスのインスタンスのみがアクセスできます。パブリックなプロパティとメソッドは、オブジェクトのすべてのクライアントがアクセスできます。
- オブジェクトがイミュータブルであるとは、そのすべてのプロパティが変更できず、かつそれらのプロパティに含まれるすべてのオブジェクト自体もイミュータブルである場合を指します。
- 依存関係は、必要な時に作成することも、既知の場所から取得することも、コンストラクタ引数として注入すること（**依存関係の注入**と呼ばれる）もできます。
- 継承を使用すると、親クラスの特定のメソッドの実装をオーバーライドできます。インタフェースは、メソッドを宣言することはできますが、その実装はインタフェースを実装するクラスに完全に委ねます。
- ポリモフィズムとは、コードがほかのオブジェクトのメソッドをその型（通常はインタフェース）で定義されたとおりに使用できるが、実行時の動作はクライアントから提供されるインスタンスによって異なる可能性があることを意味します。
- オブジェクトがそのプロパティにほかのオブジェクトを代入することを、コンポジションと呼びます。
- ユニットテストでは、オブジェクトの振る舞いを記述し、検証します。
- テストでは、オブジェクトの実際の依存関係を、テストダブルと呼ばれる代替オブジェクト（スタブやモックなど）で置き換えることがあります。
- 動的配列は、キーや値の型を指定せずにリストやマップを定義するために使用できます。

2章
サービスの作成

ここからの2つの章では、さまざまな種類のオブジェクトと、それらをインスタンス化するためのガイドラインについて説明します。大まかに言って、オブジェクトには2つの種類があり、それぞれに異なるルールがあります。本章では、最初の種類のオブジェクトであるサービスについて考えます。そのほかのオブジェクトの作成については、3章で扱います。

2.1　2種類のオブジェクト

アプリケーションには、通常2種類のオブジェクトが存在します。

- タスクを実行する、もしくは情報を返すサービスオブジェクト
- データを保持し、必要に応じてそのデータを操作したり取得したりする振る舞いを公開する
  オブジェクト

最初の種類のオブジェクトは、一度作成された後に何度でも使用できますが、変更を加えることはできません。このオブジェクトのライフサイクルは非常に単純です。一度作成されると、特定の役割を持った小さな機械のように、永遠に実行できます。このようなオブジェクトは**サービス**と呼

ばれます。

　2つ目の種類のオブジェクトは、1つ目の種類のオブジェクトがタスクを完了するために使われます。このオブジェクトは、サービスが作業するための材料となります。たとえば、あるサービスがほかのサービスからこのようなオブジェクトを取得し、取得したオブジェクトを操作して、さらに処理するために別のサービスに引き渡すというような使われ方です（図2-1）。その結果、こういった材料となるようなオブジェクトのライフサイクルは、サービスよりも複雑になることがあります。オブジェクトが作成された後、必要に応じて操作され、さらにそのオブジェクトに起こったすべての出来事に関する内部イベントログを保持することもあります。

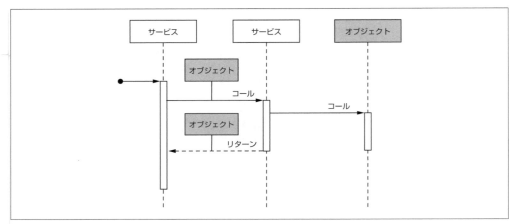

図2-1　このUMLスタイルのシーケンス図は、サービスがほかのサービスを呼び出し、ほかの種類のオブジェクトをメソッド引数や戻り値として渡す様子を示している。サービスメソッドの内部では、このようなオブジェクトが操作されたり、サービスがそこからデータを取得したりすることがある

　サービスオブジェクトは実行者であり、しばしばコントローラ、レンダラ、カルキュレータなど、その実行内容を示す名前を持ちます。newキーワードを使ってそのクラスをインスタンス化することで、サービスオブジェクトを構築できます（例：new FileLogger()）。

　本章では、サービスのインスタンス化に関するすべての側面について説明します。依存関係の扱い方、コンストラクタでできることとできないこと、そして一度インスタンスを生成したら何度でも再利用できるようにする方法について学びます。

練習問題

1.　サービスオブジェクトのクラス名として妥当なのは、次のうちどれでしょうか？

　　a.　User

　　b.　EventDispatcher

　　c.　UserRepository

　　d.　Route

2.　ほかのオブジェクトのクラス名として妥当なのは、次のうちどれでしょうか?

　　a.　DiscountCalculator

　　b.　Product

　　c.　TemplateRenderer

　　d.　Credentials

2.2　依存関係や設定値をコンストラクタ引数として渡す

　通常サービスは、仕事をするためにほかのサービスを必要とします。これらのサービスは依存関係であり、コンストラクタ引数として注入されるべきです。次のFileLoggerクラスは、依存関係を持つサービスの例です。

例2-1　FileLoggerサービス

```
interface Logger
{
    public function log(string message): void;
}

final class FileLogger implements Logger
{
    private Formatter formatter;

    public function __construct(Formatter formatter) ❶
    {
        this.formatter = formatter;
    }

    public function log(string message): void
    {
        formattedMessage = this.formatter.format(message);

        // ...
    }
}

logger = new FileLogger(new DefaultFormatter());
logger.log('A message');
```

　❶　FormatterはFileLoggerの依存関係。

　すべての依存関係をコンストラクタ引数として渡すようにすると、インスタンス化後すぐにそのサービスを利用できます。それ以上の設定は必要ありませんし、依存関係を渡し忘れることもあり

ません。

　サービスには、ファイルを保存する場所や外部サービスに接続するための認証情報などの設定値が必要なことがあります。次のリストのように、そのような設定値もコンストラクタ引数として注入しましょう。

例2-2　FileLoggerには依存関係と設定値が必要

```
final class FileLogger implements Logger
{
    // ...

    private string logFilePath;

    public function __construct( ❶
        Formatter formatter,
        string logFilePath
    ) {
        // ...

        this.logFilePath = logFilePath;
    }
    public function log(string message): void
    {
        // ...

        file_put_contents(
            this.logFilePath,
            formattedMessage,
            FILE_APPEND
        );
    }
}
```

❶　logFilePathは、どのファイルにメッセージを書き込むかをFileLoggerに指示する設定値。

　こういった設定値は、パラメータバッグや設定オブジェクトといったデータ構造によって、ほかの設定値も含めてアプリケーション内でグローバルに利用できる場合もあるでしょう。しかし、そういった設定オブジェクト全体を注入するのではなく、サービスが実際に必要とする値だけを注入するようにしましょう。

練習問題

3.　次のFileCacheのコンストラクタを書き換えて、アプリケーションの設定オブジェクト全体ではなく、必要な設定値だけを受け取るようにしましょう。

```
final class FileCache implements Cache
{
    private AppConfig appConfig;
```

```
    public function __construct(AppConfig appConfig)
    {
        this.appConfig = appConfig;
    }

    public function get(string cacheKey): string
    {
        directory = this.appConfig.get('cache.directory');

        // ...
    }
}
```

2.2.1　一緒に使うべき設定値をまとめる

　サービスに対して、グローバルな設定オブジェクト全体を注入するのではなく、必要な値だけを注入するようにしなければなりません。しかし、これらの値の中には常に一緒に使用されるものがあり、それらを別々に注入すると自然なまとまりを壊してしまいます。次の例を見てみましょう。ここでは、APIクライアントがAPIに接続するための認証情報を、個別のコンストラクタ引数として注入してもらっています。

例2-3　ユーザー名とパスワードに別々のコンストラクタ引数を使う

```
final class ApiClient
{
    private string username;
    private string password;

    public function __construct(string username, string password)
    {
        this.username = username;
        this.password = password;
    }
}
```

　これらの値をまとめておくために、専用の設定オブジェクトを導入しましょう。ユーザー名とパスワードを別々に注入する代わりに、両方を含むCredentialsオブジェクトを注入します。

例2-4　ユーザー名とパスワードが一緒になったCredentialsオブジェクト

```
final class Credentials
{
    private string username;
    private string password;

    public function __construct(string username, string password)
    {
        this.username = username;
        this.password = password;
```

```
    }

    public function username(): string
    {
        return this.username;
    }

    public function password(): string
    {
        return this.password;
    }
}

final class ApiClient
{
    private Credentials credentials;

    public function __construct(Credentials credentials)
    {
        this.credentials = credentials;
    }
}
```

練習問題

4. MySQLTableGatewayクラスのコンストラクタを書き直して、接続情報をひとつのオブジェクトとして渡すことができるようにしましょう。

```
final class MySQLTableGateway
{
    public function __construct(
        string host,
        int port,
        string username,
        string password,
        string database,
        string table
    ) {
        // ...
    }
}
```

2.3 サービスロケータを注入するのではなく、必要なもの自体を注入する

　十分な機能を持ったフレームワークやライブラリの場合、使いたいと思うすべてのサービスや設定値を保持する特別な種類のオブジェクトを提供しているでしょう。このようなオブジェクトは、一般的にサービスロケータ、マネジャー、レジストリ、またはコンテナと呼ばれます。

サービスロケータとは？

　サービスロケータはそれ自体がサービスであり、そこからほかのサービスを取得できます。次の例は、get()メソッドを持つサービスロケータを示しています。このメソッドが呼び出されると、ロケータは指定された識別子を持つサービスを返します。識別子が無効な場合は例外を投げます。

例2-5　簡易なサービスロケータの実装

```
final class ServiceLocator
{
    private array services;

    public function __construct()
    {
        this.services = [
            'logger' => new FileLogger(/* ... */) ❶
        ];
    }

    public function get(string identifier): object
    {
        if (!isset(this.services[identifier])) {
            throw new LogicException(
                'Unknown service: ' . identifier
            );
        }

        return this.services[identifier];
    }
}
```

❶　ここで、いくつでもサービスを登録できる。

　この意味で、サービスロケータはマップのようなもので、正しいキーを知っている限り、そこからサービスを取得できます。実際には、取得したいサービスのクラス名やインタフェース名がキーとなることが多いです。

　たいていのサービスロケータの実装は、先ほどの例よりも高度です。多くの場合サービスロ

ケータは、アプリケーションのすべてのサービスをインスタンス化する方法を知っており、その際に必要な正しいコンストラクタ引数も提供します。また、すでにインスタンス化されているサービスを再利用することで、実行時のパフォーマンスを向上させることもできます。

サービスロケータを使用すると、アプリケーションで利用できるすべてのサービスにアクセスできるため、次のリストのように、コンストラクタ引数としてサービスロケータを注入したくなることがあります。

例2-6　ServiceLocatorを使って依存関係を取得する

```
final class HomepageController
{
    private ServiceLocator locator;

    public function __construct(ServiceLocator locator) ❶
    {
        this.locator = locator;
    }

    public function execute(Request request): Response
    {
        user = this.locator.get(EntityManager.className)
            .getRepository(User.className)
            .getById(request.get('userId'));

        return this.locator.get(ResponseFactory.className)
            .create()
            .withContent(
                this.locator.get(TemplateRenderer.className)
                    .render(
                        'homepage.html.twig',
                        [
                            'user' => user
                        ]
                    ),
                'text/html'
            );
    }
}
```

❶　必要な依存関係を注入する代わりに、ServiceLocator全体を注入し、そこから後で特定の依存関係を取得できるようにしている。

この結果、余計な関数がたくさん呼び出されることになり、HomepageControllerが実際に何を行っているかがわからなくなってしまいます。さらに、サービスが依存関係として注入されないので、HomepageControllerはサービスを取得する方法を把握する必要があります。最後に、このサービスは、サービスロケータから取得できるほかの多くのサービスにアクセスできます。最終的に、このサービスはサービスロケータから無関係なさまざまものを取得するようになるでしょう。

なぜなら、プログラマーに対してより良い設計の代替案を探すように働きかけないからです。

　このような問題をすべて防ぐには、次のルールを適用すると良いでしょう。あるサービスがタスクを実行するためにほかのサービスを必要とするときは常に、それを依存関係として明示的に宣言し、コンストラクタ引数として注入されるようにしましょう。先ほどの例の`ServiceLocator`は`HomepageController`の真の依存関係ではなく、実際の依存関係を**取得する**ために使用されています。したがって、`ServiceLocator`を依存関係として宣言するのではなく、コントローラが必要とする実際の依存関係をコンストラクタ引数として宣言し、それらが注入されるようにしましょう。

例2-7　実際の依存関係をコンストラクタ引数として注入する

```
final class HomepageController
{
    private EntityManager entityManager;
    private ResponseFactory responseFactory;
    private TemplateRenderer templateRenderer;

    public function __construct(
        EntityManager entityManager,
        ResponseFactory responseFactory,
        TemplateRenderer templateRenderer
    ) {
        this.entityManager = entityManager;
        this.responseFactory = responseFactory;
        this.templateRenderer = templateRenderer;
    }

    public function execute(Request request): Response
    {
        user = this.entityManager.getRepository(User.className)
            .getById(request.get('userId'));

        return this.responseFactory
            .create()
            .withContent(
                this.templateRenderer.render(
                    'homepage.html.twig',
                    [
                        'user' => user
                    ]
                ),
                'text/html'
            );
    }
}
```

　図2-2に示すように、結果として得られる依存関係グラフは、クラスの実際の依存関係により即したものとなります。

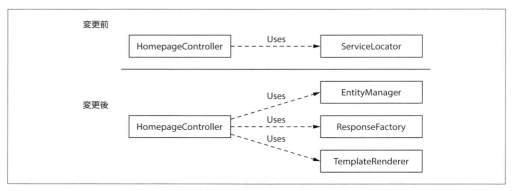

図2-2　最初のバージョンでは、HomepageControllerには依存関係がひとつしかないように見える。ServiceLocatorの依存関係を取り除いた結果、HomepageControllerが実際には3つの依存関係を持つことが明らかになる

　ここで、同じことをもう一度行う必要があります。EntityManagerが必要なのは、そこからユーザーリポジトリを取得するためだけです。代わりに、リポジトリを明示的な依存関係にしましょう。

例2-8　実際の依存関係はEntityManagerではなくUserRepository

```
final class HomepageController
{
    private UserRepository userRepository;
    // ...

    public function __construct(
        UserRepository userRepository,
        /* ... */
    ) {
        this.userRepository = userRepository;
        // ...
    }

    public function execute(Request request): Response
    {
        user = this.userRepository
            .getById(request.get('userId'));
        // ...
    }
}
```

サービスとそこから取得するサービスの両方が必要な場合は どうしたら良いでしょうか？

　EntityManagerとUserRepositoryの両方の依存関係を必要とする次のコードを考えてみ

ましょう。

```
user = this.entityManager
    .getRepository(User.className)
    .getById(request.get('userId'));
user.changePassword(newPassword);
this.entityManager.flush();
```

EntityManagerの代わりにUserRepositoryを注入するというアドバイスに従った場合、エンティティを永続化するためにEntityManagerは依然として必要なため、余分な依存関係が生じることになります。

通常このような状況では、責務の再割り当てが必要です。Userエンティティを取得できるオブジェクトは、それに加えられたすべての変更も永続化できるべきです。実際、そのようなオブジェクトは、確立されたパターンである**リポジトリパターン**に従います。すでにUserRepositoryクラスがあるので、それにflush()またはsave()メソッド（いまや別の名前を選べるようになりました）を追加するのは理にかなっています。

```
user = this.userRepository.getById(request.get('userId'));
user.changePassword(newPassword);
this.userRepository.save(user);
```

練習問題

5. サービスオブジェクトのコンストラクタに正しい依存関係を注入しているかどうかを知るにはどうしたらよいでしょうか?
   a. サービスがそのメソッドを呼び出しているかどうか
   b. サービスがそこから依存関係を取得しているかどうか
   c. サービスがそこから依存関係を取得せず、それを直接使用しているかどうか

2.4　すべてのコンストラクタ引数を必須とする

時には、ある依存関係は省略しても良いと感じることがあるかもしれません。その依存関係がなくてもオブジェクトは十分に機能するような場合です。そのような省略可能な依存関係の例として、先ほど見たLoggerがあります。ログの記録は主な関心事ではないと考えるかもしれません。

サービスの依存関係を省略可能とするには、次のリストのようにコンストラクタ引数を省略可能とします。

例2-9　省略可能なコンストラクタ引数としての Logger

```
final class BankStatementImporter
{
    private Logger? logger;

    public function __construct(Logger? logger = null)
    {
        this.logger = logger;              ❶
    }

    public function import(string bankStatementFilePath): void
    {
        // 銀行取引明細のファイルをインポート

        // 必要に応じてデバッグのために何かしらの情報をログに記録
    }
}

importer = new BankStatementImporter(); ❷
```

❶　logger は null または Logger のインスタンスを取りうる。
❷　Logger インスタンスなしでも BankStatementImporter はインスタンス化できる。

　しかし、これは BankStatementImporter クラスのコードを不必要に複雑にしています。何かを記録したいときはいつでも、まず Logger インスタンスが本当に提供されているかどうかを確認する必要があります（確認をせず、Logger が注入されていない場合、致命的なエラーが発生します）。

```
public function import(string bankStatementFilePath): void
{
    // ...

    if (this.logger instanceof Logger) {
        this.logger.log('A message');
    }
}
```

　省略可能な依存関係を使うことによる、このような対策が必要にならないように、すべての依存関係は必須であるべきです。

　設定値も同様です。適切なデフォルトパスを用意することで、FileLogger のユーザーが必ずしもログメッセージを書き込むパスを提供する**必要はない**と感じるかもしれません。その場合、次のようにコンストラクタ引数にデフォルト値を設定するでしょう。

例2-10　クライアントは logFilePath の値を必ずしも渡す必要はない

```
final class FileLogger implements Logger
{
    public function __construct(
        string logFilePath = '/tmp/app.log'
    ) {
        // ...
```

```
    }
}
logger = new FileLogger(); ❶
```

❶　ユーザーがlogFilePath引数を省略した場合、/tmp/app.logが使用される。

　しかし、誰かがこのFileLoggerクラスをインスタンス化したとき、ログメッセージがどのファイルに書き込まれるのか、すぐにはわからないでしょう。次の例のように、デフォルト値がコードの奥深くに埋もれている場合、状況はさらに悪化します。

例2-11　logFilePathのデフォルト値がlog()の中に隠されている

```
final class FileLogger implements Logger
{
    private string? logFilePath;

    public function __construct(string? logFilePath = null)
    {
        this.logFilePath = logFilePath;
    }

    public function log(string message): void
    {
        // ...
        file_put_contents(
            this.logFilePath != null ? this.logFilePath : '/tmp/app.log',
            formattedMessage,
            FILE_APPEND
        );
    }
}
```

　FileLoggerが実際に使用するファイルパスを知るには、ユーザーはFileLoggerクラス自体のコードに潜り込む必要があります。また、デフォルトのパスはいまや実装の詳細であり、ユーザーが気付かないうちに簡単に変更される可能性があります。

　こうする代わりに、オブジェクトが必要とする設定値は、常にクラスのユーザーが提供するようにしましょう。すべてのクラスでそうすれば、オブジェクトがどのように設定されたかを知るには、単にそれがどのようにインスタンス化されているかを確認するだけで良いのです。

　まとめると、コンストラクタ引数を依存関係の注入に使うにせよ設定値を与えるにせよ、コンストラクタ引数は常に必須とし、デフォルト値を持つのはやめましょう。

2.5　コンストラクタ引数による注入のみを使う

　省略可能な依存関係を注入するために使用されるもうひとつのやり方は、クラスにセッタを追加することです。そうすることでユーザーがその依存関係を使いたい時にはセッタを呼び出します。このアプローチの例として、`BankStatementImporter`の`setLogger()`メソッドがあります。このメソッドにより、オブジェクトが構築された後にクライアントは`Logger`サービスを注入できます。

例2-12　`setLogger()`を呼び出すことで`Logger`を後で提供できる

```
final class BankStatementImporter
{
    private Logger? logger;

    public function __construct()
    {
    }

    public function setLogger(Logger logger): void
    {
        this.logger = logger;
    }

    // ...
}

importer = new BankStatementImporter();

importer.setLogger(logger);
```

　この解決策には、先に説明したのと同じ問題があります。クラス内のコードが複雑になるのです。さらに、セッタによる注入は、後で説明する2つのルールに違反しています。

- 不完全な状態のオブジェクトを作成できるべきではない。
- サービスはイミュータブルでなければならない。つまり、完全にインスタンス化された後は変更できるべきではない。

　つまり、セッタによる注入ではなく、コンストラクタ引数による注入のみを使用しましょう。

2.6　省略可能な依存関係というものは存在しない

　これまでの節をまとめると、「省略可能な依存関係というものは存在しない」となります。依存関係は必要か、必要でないかのどちらかです。それでも、あなたが本当にロギングを主な関心事ではないと考えているとします。さて、コンストラクタ引数による注入だけを使用し、コンストラクタ引数をすべて必須にするよう私はアドバイスしましたが、どうすればよいのでしょうか？多くの場合、次の`Logger`インタフェースの`NullLogger`実装のように、本物と同じように見えるが何もし

ない代替オブジェクトを使用するという手を用いることができます。

例2-13　何もしないLoggerインタフェースの実装

```
final class NullLogger implements Logger
{
    public function log(string message): void
    {
        // 何もしない
    }
}

importer = new BankStatementImporter(new NullLogger());
```

このような何もしないオブジェクトは、しばしば**null オブジェクト**、時には**ダミー**と呼ばれます。

注入される省略可能な依存関係がサービスではなく、何かの設定値である場合も、同様のアプローチを使用できます。設定値は依然として必須の引数であるべきですが、ユーザーが適切なデフォルト値を取得する方法を提供すべきでしょう。

例2-14　デフォルトのConfigurationオブジェクトを簡単に取得できる

```
final class MetadataFactory
{
    public function __construct(Configuration configuration)
    {
        // ...
    }
}

metadataFactory = new MetadataFactory( ❶
    Configuration.createDefault()
);
```

❶　MetadataFactoryのconfiguration引数を省略可能にするのではなく、Configurationクラスを用意し、適切なデフォルトの状態を提供する。

練習問題

6.　CsvImporterクラスは、EventDispatcherインタフェースを実装するオブジェクトへの省略可能な依存関係を持っています。CsvImporterクラスを書き直し、EventDispatcherを必須の依存関係に昇格しましょう。本格的なEventDispatcherを注入したくないユーザーのために、便利な代替手段を提供しましょう。

```
interface EventDispatcher
{
    public function dispatch(string eventName): void;
}

final class CsvImporter
```

```
{
    private EventDispatcher? eventDispatcher;

    public function __construct(EventDispatcher? eventDispatcher)
    {
        this.setEventDispatcher(eventDispatcher);
    }

    public function setEventDispatcher(
        EventDispatcher eventDispatcher
    ): void {
        this.eventDispatcher = eventDispatcher;
    }
}
```

2.7　すべての依存関係を明示する

　すべての依存関係や設定値がコンストラクタ引数として適切に注入されていても、**隠れた依存関係**が残っている場合があります。隠れた依存関係とは、コンストラクタ引数を見ただけではわからないということです。

2.7.1　スタティックな依存関係をオブジェクトの依存関係に変換する

　アプリケーションによっては、スタティックアクセサ[†1]を使うことで、依存関係をグローバルに取得できます。コード内のあらゆる場所で、`ServiceRegistry.get()`や`Cache.get()`のような呼び出しができます。サービスがこのように依存関係を取得するすべての箇所を、コンストラクタ引数として依存関係を受け取るようにサービスを書き直しましょう。これには、すべての依存関係を明示できるという利点があります。

例2-15　Cacheのスタティックメソッドを使用する代わりに、Cacheインスタンスを注入する

```
// 変更前：
final class DashboardController
{
    public function execute(): Response
    {
        recentPosts = [];

        if (Cache.has('recent_posts')) {
            recentPosts = Cache.get('recent_posts');
        }

        // ...
    }
}
```

---

†1　訳注：スタティックメソッドとして定義され、情報を返すものを指す。

```
// 変更後：
final class DashboardController
{
    private Cache cache;

    public function __construct(Cache cache)
    {
        this.cache = cache;
    }

    public function execute(): Response
    {
        recentPosts = [];

        if (this.cache.has('recent_posts')) {
            recentPosts = this.cache.get('recent_posts');
        }

        // ...
    }
}
```

2.7.2　複雑な関数をオブジェクトの依存関係にする

　時には依存関係がオブジェクトではなく関数であるために隠れていることがあります。そういった関数は、json_encode()やsimplexml_load_file()のように、その言語の標準ライブラリの一部であることが多いです。こういった関数は多くの機能を持ちます。同等の機能を持つコードを自分で書くとしたら、その複雑さに対処するために多くのクラスが必要になり、それらすべてのクラスをサービスの依存関係として注入することになるでしょう。こうすることで、関数を、通常そうであるような隠れた依存関係ではなく、サービスの真のオブジェクトの依存関係にできます。

　また関数呼び出しをラップするカスタムクラスを導入することで、これらの関数を真のサービス依存関係にすることもできます。ラッパクラスは、標準ライブラリ関数にカスタムロジックを追加するための格好の場所です。たとえば、デフォルト引数を提供したり、エラー処理を改善したりできます。

例2-16　JsonEncoderによってjson_encode()への呼び出しをラップする

```
// 変更前：
final class ResponseFactory
{
    public function createApiResponse(array data): Response
    {
        return new Response(
            json_encode(data, JSON_THROW_ON_ERROR | JSON_FORCE_OBJECT), ❶
            [
                'Content-Type' => 'application/json'
            ]
        );
```

```
        }
    }
    // 変更後:
    final class JsonEncoder
    {
        /**
         * @throws RuntimeException
         */
        public function encode(array data): string
        {
            try {
                return json_encode(
                    data,
                    JSON_THROW_ON_ERROR | JSON_FORCE_OBJECT        ❷
                );
            } catch (RuntimeException previous) {
                throw new RuntimeException(                        ❸
                    'Failed to encode data: ' . var_export(data, true),
                    0,
                    previous
                );
            }
        }
    }

    final class ResponseFactory
    {
        private JsonEncoder jsonEncoder;

        public function __construct(JsonEncoder jsonEncoder)       ❹
        {
            this.jsonEncoder = jsonEncoder;
        }

        public function createApiResponse(data): Response
        {
            return new Response(
                this.jsonEncoder.encode(data),
                [
                    'Content-Type' => 'application/json'
                ]
            );
        }
    }
```

❶　json_encode() は隠れた依存関係。
❷　こうすることで、json_encode() の呼び出しは、常に正しい引数を持つようになる。
❸　独自の例外を投げることができるようになり、デバッグに役立つ情報をより多く提供できるようになる。
❹　JsonEncoder インスタンスは、実際の明示的な依存関係として注入できるようになる。

　JSONエンコードの仕事をResponseFactoryの真のオブジェクトの依存関係にすることで、このクラスのユーザーは、コンストラクタ引数のリストを見るだけで、そのクラスが何をするのかを

容易にイメージできます。オブジェクトの依存関係を導入することは、サービスの振る舞いをコードに触れることなく再設定可能にするための第一歩でもあります。この話題は9章で再び取り上げます。

すべての関数をオブジェクトの依存関係にすべきなのか？

　すべての関数がオブジェクトにラップされ、依存関係として注入されなければならないわけではありません。たとえば、インラインで簡単に書けるような（array_keys()やstrpos()など）は、ラップする必要はないでしょう。オブジェクトの依存関係を抽出すべきかどうかを判断するには、次のように自問するとよいでしょう。

- この依存関係によって提供される振る舞いを、ある時点で置き換えたり強化したくなるだろうか？
- この依存関係の振る舞いは、数行のカスタムコードで同じ結果を得られないくらい複雑か？
- その関数はプリミティブ型の値だけでなく、オブジェクトを扱っているか？

　答えがほとんど「はい」の場合、関数呼び出しをオブジェクトの依存関係に変更したくなるはずです。そうすることで、テストでその関数に期待する振る舞いを記述することが容易になります。これにより、関数コールを別の関数や独自のコードに置き換えたり、あるいは同じ振る舞いをするライブラリに置き換えやすくなります。

2.7.3　システムコールを明示する

　言語が提供する関数やクラスの一部も、暗黙的な依存関係とみなすことができます。それは外の世界にアクセスする関数です。その例としてDateTimeクラスやtime()、file_get_contents()などの関数が挙げられます。

　以下のMeetupRepositoryクラスを考えてみましょう。このクラスは現在時刻を取得するためにシステムクロックに依存しています。

例2-17　MeetupRepositoryは現在時刻に依存する

```
final class MeetupRepository
{
    private Connection connection;

    public function __construct(Connection connection)
    {
        this.connection = connection;
    }
```

```
public function findUpcomingMeetups(string area): array
{
    now = new DateTime(); ❶

    return this.findMeetupsScheduledAfter(now, area);
}
public function findMeetupsScheduledAfter(
    DateTime time,
    string area
): array {
    // ...
}
}
```

❶　引数なしでDateTimeオブジェクトをインスタンス化することで、暗黙的に現在時刻をシステムに問い合わせることになる。

　現在時刻は、このメソッドに渡された引数や依存関係からこのサービスが導き出せるものではないので、隠れた依存関係です。現在時刻を取得するためのサービスは存在しないので、次のリストのように自分で定義する必要があります。

例2-18　現在時刻を取得するのにClockを使用する

```
interface Clock                          ❶
{
    public function currentTime(): DateTime;
}

final class SystemClock implements Clock ❷
{
    public function currentTime(): DateTime
    {
        return new DateTime();
    }
}

final class MeetupRepository
{
    // ...
    private Clock clock;

    public function __construct(
        Clock clock,
        /* ... */
    ) {
        this.clock = clock;
    }

    public function findUpcomingMeetups(string area): array
    {
        now = this.clock.currentTime();   ❸

        // ...
    }
```

```
    }
    meetupRepository = new MeetupRepository(new SystemClock());
    meetupRepository.findUpcomingMeetups('NL');
```

❶ 現在時刻を教えてくれるこの新しいサービスの名前は、単に「Clock」と呼ぶのが適切でしょう。
❷ このサービスの標準的な実装では、システムクロックを使って、現在時刻を表すDateTimeオブジェクトを返す。
❸ 現在時刻をその場で「作る」のではなく、Clockサービスに尋ねることができるようになった。

「現在時刻は何か？」を問うシステムコールをMeetupRepositoryクラスの外に出すことで、MeetupRepositoryクラス自体をテストしやすくなりました。もし、元の状況でテストを実行した場合、クラスは実際の現在時刻を使用していたことでしょう。これでは、テストが実行される日時にテストの結果が依存してしまいます。そうするとテストが不安定になり、ある日を境に失敗する可能性が高くなります。この問題を場当たり的に解決するのではなく、いまやClockインタフェースを使って、システムクロックに基づく「現在時刻」から、次のリストに示すような完全に制御できる「固定された時刻」に置き換えることができます。

例2-19 時刻を固定するClockの実装

```
    final class FixedClock implements Clock  ❶
    {
        private DateTime now;
        public function __construct(DateTime now)
        {
            this.now = now;
        }

        public function currentTime(): DateTime
        {
            return this.now;
        }
    }

    meetupRepository = new MeetupRepository(  ❷
        new FixedClock(
            new DateTime('2018-12-24 11:16:05')
        )
    );
    meetupRepository.findUpcomingMeetups('NL');
```

❶ ClockインタフェースのFixedClock実装は、テストで使用できる。インスタンス化する際に、現在時刻を表すDateTimeオブジェクトを指定する必要がある。
❷ MeetupRepositoryのテストでは、コンストラクタ引数としてFixedClockを渡す。これにより、テスト結果が完全に決定論的になる。

コンストラクタ引数にClockオブジェクトを渡すことで、MeetupRepositoryはそこから現在時刻を取得できます。しかし、MeetupRepositoryのクライアントに、findUpcomingMeetups()のメソッド引数として現在時刻を提供してもらうことも可能です。そうすれば、Clockへの依存は不要になります。

例2-20　メソッド引数として現在時刻を渡すこともできる

```
final class MeetupRepository
{
    public function __construct(/* ... */) ❶
    {
        // ...
    }

    public function findUpcomingMeetups(
        string area,
        DateTime now                              ❷
    ): array {
        // ...
    }
}
```

❶　Clockへの依存は、もはや必要ない。
❷　現在時刻は、このメソッドのクライアントから提供される。

　こうして、現在時刻を取得するためにオブジェクトの依存関係が必要であるという最初の評価
を、改める必要がでてきました。メソッド引数として現在時刻を渡すことで、現在時刻は今後の
ミートアップを見つけるというタスクの文脈に関する情報に変わります。

練習問題

7. UUIDは、アプリケーション内のオブジェクトを一意に参照するために使われるランダムな値
です。新しいUUIDを生成することは、システムの乱数生成器に依存します。次のコードは、
UUID生成用のパッケージを使用して新しいUUIDを作成します。

```
final class CreateUser
{
    public function create(string username): void
    {
        userId = Uuid.create();

        user = new User(userId, username);
        // ...
    }
}
```

このコードのどこが問題でしょうか？

a. Uuidがスタティックな依存関係となっているが、オブジェクトの依存関係にする必要が
ある。

b. Uuidオブジェクトはサービスの依存関係であり、コンストラクタ引数として注入する必要
がある。

c. Uuidは設定値であり、コンストラクタ引数として注入する必要がある。

d.　Uuid.create()はアプリケーションの外部への呼び出しを伴うので、サービスの依存関係によって作成される必要がある。

2.8　タスクに関連するデータはコンストラクタ引数ではなくメソッド引数として渡す

すでにご存じのように、サービスはその依存関係と設定値をすべてコンストラクタ引数として受け取る必要があります。しかし、タスク自体に関する情報は、タスクに関する文脈情報も含めて、メソッド引数として渡されるべきです。

よくない例として、データベースに単一のエンティティを保存するためにのみ使用できるEntityManagerを考えてみましょう。

例2-21　単一のオブジェクトを保存するためにのみ使用可能なEntityManager

```
final class EntityManager
{
    private object entity;

    public function __construct(object entity)
    {
        this.entity = entity;
    }

    public function save(): void
    {
        // ...
    }
}

user = new User(/* ... */);
comment = new Comment(/* ... */);

entityManager = new EntityManager(user);
entityManager.save();

entityManager = new EntityManager(comment); ❶
entityManager.save();
```

❶　別のエンティティを保存するには、別のEntityManagerをインスタンス化する必要がある。

このクラスはあまり便利なクラスではありません。なぜなら処理を実行するたびに新しいインスタンスを生成する必要があるからです。

コンストラクタ引数としてエンティティを渡すことは、明らかに悪い設計のように見えるでしょう。これよりもわかりづらく、より一般的なシナリオとして、コンストラクタ引数として現在のRequestまたはSessionオブジェクトを注入してもらうようなサービスがあります。

例2-22　ContactRepositoryはSessionオブジェクトに依存する

```
final class ContactRepository
{
    private Session session;

    public function __construct(Session session)
    {
        this.session = session;
    }

    public function getAllContacts(): array
    {
        return this.select()
            .where([
                'userId' => this.session.getUserId(),
                'companyId' => this.session.get('companyId')
            ])
            .getResult();
    }
}
```

このContactRepositoryサービスは、現在のSessionオブジェクトが把握しているユーザーや会社以外の連絡先を取得するためには使用できません。つまり、単一の文脈でしか実行できません。

コンストラクタ引数としてタスクの詳細の一部を注入することは、サービスを再利用可能にする妨げとなりますし、文脈に関するデータも同様です。異なるタスクに対してもサービスを再利用可能にするために、こういった情報はすべてメソッド引数として渡されるべきです。

コンストラクタ引数として渡すべきか、メソッド引数として渡すべきかを判断するための指針となる質問は、「このサービスを、何度もインスタンス化せずに一括処理に使えるだろうか？」というものです。使用しているプログラミング言語によっては、サービスは一度だけインスタンス化され、再利用できるようにすべきだという考え方にすでに慣れているかもしれません。しかしPHPを使用している場合、インスタンス化されるオブジェクトは通常、HTTPリクエストを処理してレスポンスを返すまでの間だけしか存続しません。その場合、サービスを設計する際には、「もしWebリクエストのたびにメモリが消去されないとしたら、このサービスは後続のリクエストに使用できるだろうか、それとも再度インスタンス化する必要があるだろうか？」と自問しましょう。

先ほどのEntityManagerサービスをもう一度見てみましょう。複数のエンティティを一括で保存するには、サービスを再度インスタンス化する必要があります。そのためentityはコンストラクタ引数ではなく、save()メソッドの引数であるべきです。

例2-23　entityはメソッド引数であるべき

```
final class EntityManager
{
    public function save(object entity): void
    {
        // ...
```

```
        }
    }
```

ContactRepositoryも同様です。異なるユーザーや会社の連絡先を一括で取得するためには使用できませんでした。getAllContacts()には、以下のように現在の会社やユーザーIDの引数を追加するべきです。

例2-24 UserIdとCompanyIdはメソッド引数として渡すべき

```
final class ContactRepository
{
    public function getAllContacts(
        UserId userId,
        CompanyId companyId
    ): array {
        return this.select()
            .where([
                'userId' => userId,
                'companyId' => companyId
            ])
            .getResult();
    }
}
```

実際、「現在（current）」という単語が使われる場合、この情報がメソッド引数として渡す必要のある文脈に関する情報であることを示唆しています。それはたとえば「現在時刻」「現在ログインしているユーザーID」「現在のWebリクエスト」などといったものです。

練習問題

8. 次のコードのどこが問題でしょうか？

```
final class Translator
{
    private string userLanguage;

    public function __construct(string userLanguage)
    {
        this.userLanguage = userLanguage;
    }

    public function translate(string messageKey): string
    {
        // ...
    }
}
```

a. userLanguageコンストラクタ引数には、ログインしているユーザーがいない場合を想定して、デフォルト値を指定すべき。

b. 現在のユーザーの言語はサービスから取得するべきであり、そのサービスはコンストラクタ引数として注入するべき。

c. userLanguageは、translate()の引数として渡されるべき。

d. コンストラクタ引数としてuserLanguageを渡すと、Translatorが再利用しづらくなる。

2.9　サービスをインスタンス化した後にそのサービスの振る舞いを変更しない

例2-25　ignoreErrors()を呼び出すと、Importerの振る舞いが変化する

```
final class Importer
{
    private bool ignoreErrors = true;

    public function ignoreErrors(bool ignoreErrors): void
    {
        this.ignoreErrors = ignoreErrors;
    }

    // ...
}

importer = new Importer();

// ... ❶

importer.ignoreErrors(false);

// ... ❷
```

❶　ここでImporterを使うとエラーは無視される。
❷　ここで使うとエラーは無視されない。

このようなことが起きないようにしましょう。すべての依存関係や設定値は最初から持っているべきで、サービスをインスタンス化した後に再設定できてはいけません。

ほかの例として、次のリストのEventDispatcherがあります。これは、インスタンス化された後にアクティブなリスナのリストを再設定できます。

例2-26　インスタンス化後にEventDispatcherの振る舞いを変更できる

```
final class EventDispatcher
{
    private array listeners = [];

    public function addListener(                        ❶
        string event,
        callable listener
    ): void {
```

```
            this.listeners[event][] = listener;
        }

        public function removeListener(                                      ❷
            string event,
            callable listener
        ): void {
            foreach (this.listenersFor(event) as key => callable) {
                if (callable == listener) {
                    unset(this.listeners[event][key]);
                }
            }
        }

        public function dispatch(object event): void
        {
            foreach (this.listenersFor(event.className) as callable) { ❸
                callable(event);
            }
        }

        private function listenersFor(string event): array
        {
            if (isset(this.listeners[event])) {
                return this.listeners[event];
            }

            return [];
        }
    }
```

❶ 　指定された種類のイベントに対して、新しいイベントリスナを追加できる。
❷ 　既存のリスナを削除することもできる。
❸ 　まだ削除されていないリスナが呼び出される。

　イベントリスナを実行時に追加したり削除したりできるようにすると、EventDispatcherの振る舞いが時間の経過とともに変化するため、予測不可能になります。この場合、次のリストのように、イベントリスナの配列をコンストラクタ引数にして、addListener()とremoveListener()メソッドを削除する必要があります。

例2-27　リスナは作成時にしか設定できない

```
    final class EventDispatcher
    {
        private array listeners;

        public function __construct(array listenersByEventName)
        {
            this.listeners = listenersByEventName;
        }

        // ...
    }
```

arrayはあまり具体的な型ではなく、(動的型付けプログラミング言語を使用している場合は) 何でも格納できるため、listenersByEventName引数を代入する前に検証する必要があります。本章の後半で、コンストラクタ引数の検証について詳しく見ていきます。

サービスをインスタンス化した後で変更できないようにし、省略可能な依存関係を許さなければ、できあがったサービスは時間が経過しても予測可能な振る舞いをし、メソッドを実行した人に応じて突然別の実行パスをたどるということも起きません (**図2-3**を参照)。

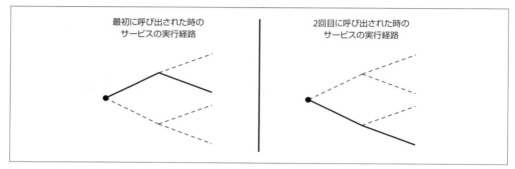

図2-3　サービスの振る舞いをインスタンス化後に変更できるようにすると、クライアントによっては突然異なる実行パスをたどることになり、振る舞いが予測不可能になる

「私が開発しているアプリケーションでは、本当にミュータブルなサービスが必要なんです」

　良い指摘です。私のバックグラウンドは主にWebアプリケーション開発です。Webアプリケーションではミュータブルなサービスは必要ありません。サービスのすべての振る舞いは常に作成時に定義できます。

　ほかの種類のアプリケーションでは、イベントディスパッチャのように、作成後にリスナやサブスクライバーを追加・削除できるサービスが必要かもしれません。たとえば、ゲームやUIを持つインタラクティブなアプリケーションの場合、ユーザーが新しいウィンドウを開くと、そのUI要素に対してイベントリスナを登録したくなるでしょう。その後、ユーザーがウィンドウを閉じたら、またそのリスナを削除したいでしょう。このような場合、サービスは本当にミュータブルである必要があります。しかし、そのようなミュータブルなサービスを設計する場合であっても、addListener()やremoveListener()などのパブリックメソッドを使ってオブジェクトがほかのオブジェクトの振る舞いを再設定しないようにする方法を考えることをお勧めします。

2.10 コンストラクタの中ではプロパティへの代入以外は何もしない

　サービスを作るということは、コンストラクタ引数を注入することであり、それによってサービスを利用するための準備をするということです。実際の作業は、オブジェクトのメソッドの中で行われます。コンストラクタの中でオブジェクトを本当に使えるようにするために、単にプロパティへ代入する以上のことをしたくなるかもしれません。たとえば、次のFileLoggerクラスを考えてみましょう。コンストラクタの中で、書き込むログファイルの準備をしています。

例2-28　FileLoggerは必要に応じてログファイルのディレクトリを作成する

```
final class FileLogger implements Logger
{
    private string logFilePath;

    public function __construct(string logFilePath)
    {
        logFileDirectory = dirname(logFilePath);
        if (!is_dir(logFileDirectory)) {
            mkdir(logFileDirectory, 0777, true); ❶
        }

        touch(logFilePath);

        this.logFilePath = logFilePath;
    }

    // ...
}
```

❶　ディレクトリがまだ存在しない場合は作成する。

　しかし、FileLoggerのインスタンスを生成すると、たとえ実際にそのオブジェクトを使ってログメッセージを書き込まなかったとしても、ファイルシステム上に痕跡が残ります。

　コンストラクタの中では何もしないのが良いオブジェクトのマナーとされています。サービスのコンストラクタで行うべき唯一のことは、渡されたコンストラクタ引数を検証し、それらをオブジェクトのプロパティに代入することです。

例2-29　FileLoggerのコンストラクタはディレクトリを作成しない

```
final class FileLogger implements Logger
{
    private string logFilePath;

    public function __construct(string logFilePath)
    {
        this.logFilePath = logFilePath; ❶
    }

    public function log(string message): void
```

```
    {
        this.ensureLogFileExists();

        // ...
    }

    private function ensureLogFileExists(): void
    {
        if (is_file(this.logFilePath)) {
            return;
        }

        logFileDirectory = dirname(this.logFilePath);
        if (!is_dir(logFileDirectory)) {
            mkdir(logFileDirectory, 0777, true);
        }

        touch(this.logFilePath);
    }
}
```

❶　プロパティに値を代入するのみ。

　このように、コンストラクタの外側の、クラスの奥深くに処理を押し込むことも、ひとつの解決
策です。しかし、今回の場合、ログファイルへの書き込みが可能かどうかを調べるのは、最初の
メッセージが書き込まれるときです。たいていの場合、そのような問題は、もっと早く知りたいと
思うでしょう。代わりにできることは、その処理をコンストラクタの外側に出すことです。つまり
FileLoggerを作成した後ではなく、その前に知りたいのです。おそらくLoggerFactoryにそれ
を任せるのがよいでしょう。

例2-30　LoggerFactoryがログファイルのディレクトリを作成する

```
final class FileLogger implements Logger
{
    private string logFilePath;

    public function __construct(string logFilePath)
    {
        if (!is_writable(logFilePath)) { ❶
            throw new InvalidArgumentException(
                'Log file path "{logFilePath}" should be writable'
            );
        }
        this.logFilePath = logFilePath;
    }

    public function log(string message): void
    {
        // ...                                        ❷
    }
}

final class LoggerFactory
```

```
{
    public function createFileLogger(string logFilePath): FileLogger
    {
        if (!is_file(logFilePath)) {        ❸
            logFileDirectory = dirname(logFilePath);
            if (!is_dir(logFileDirectory)) {
                mkdir(logFileDirectory, 0777, true);
            }

            touch(logFilePath);
        }

        return new FileLogger(logFilePath);
    }
}
```

❶ ログファイルのパスはすでに適切に設定されていると想定しているので、ここで行うのは安全性の確認だけ。
❷ ensureLogFileExists()などの呼び出しは必要ない。
❸ ログディレクトリとファイルを作成するタスクは、アプリケーション自体のブートストラップのフェーズに移動
されるべき。

　ログファイルを準備するコードをFileLoggerのコンストラクタの外に移動すると、FileLogger
自体の契約が変更されることに注意してください。最初の状態では、どんなログファイルのパスで
も渡すことができ、FileLoggerがすべてを処理（必要に応じてディレクトリを作成し、ファイル
パス自体が書き込み可能かどうかをチェック）していました。それが今では、FileLoggerはログ
ファイルパスを受け取り、そのファイルが置かれているディレクトリはすでに存在することを期待
します。さらに多くのことをアプリケーションのブートストラップのフェーズに移動することもで
きます。つまり、すでに存在し書き込み可能なファイルへのファイルパスをクライアントが提供す
るべきだと、FileLoggerの契約を書き換えるのです。次のリストは、これがどのようになるかを
示しています。

例2-31 LoggerFactoryがFileLoggerが必要とするすべてのことを引き受ける
```
final class FileLogger implements Logger
{
    private string logFilePath;

    /**
     * @param string logFilePath すでに存在し、書き込み可能なログファイルの絶対パス。
     */
    public function __construct(string logFilePath)
    {
        this.logFilePath = logFilePath;
    }

    // ...
}

final class LoggerFactory
{
    public function createFileLogger(string logFilePath): FileLogger
```

```
    {
        if (!is_file(logFilePath)) { ❶
            logFileDirectory = dirname(logFilePath);
            if (!is_dir(logFileDirectory)) {
                mkdir(logFileDirectory, 0777, true);
            }

            touch(logFilePath);
        }

        if (!is_writable(logFilePath)) {
            throw new InvalidArgumentException(
                'Log file path "{logFilePath}" should be writable'
            );
        }

        return new FileLogger(logFilePath);
    }
}
```

❶　LoggerFactoryは、ディレクトリの世話に加えて、ログファイルが存在し、書き込み可能であることを確認するようになった。

　コンストラクタで何かを行うオブジェクトの、よりわかりづらい別の例を見てみましょう。次のMailerクラスを見てみましょう。このクラスは、コンストラクタの中で依存関係の1つを呼び出しています。

例2-32　Mailerがコンストラクタの内部で何かを行う

```
final class Mailer
{
    private Translator translator;
    private string defaultSubject;

    public function __construct(Translator translator)
    {
        this.translator = translator;

        // ...

        this.defaultSubject = this.translator
            .translate('default_subject');
    }

    // ...
}
```

　代入の順番を変えるとどうなるでしょうか?

例2-33　Mailerのコンストラクタで代入の順番を変更する

```
final class Mailer
{
    private Translator translator;
    private string defaultSubject;
```

```
    public function __construct(
        Translator translator,
        string locale
    ) {
        this.defaultSubject = this.translator
            .translate('default_subject', locale);

        // ...

        this.translator = translator;
    }
    // ...
}
```

　`null`に対して`translate()`を呼び出しているので致命的なエラーが発生します。このように、サービスのコンストラクタ内ではプロパティを代入するだけにするというルールに従うことで、代入はどのような順序で行われてもよくなります。もし特定の順番で代入しなければならないのであれば、コンストラクタで何かしていることになります。

　この`Mailer`クラスのコンストラクタは、文脈に関するデータ、つまり現在のユーザーのロケールがコンストラクタ引数として渡されている例でもあります。ご存じの通り、文脈に関する情報はメソッド引数として渡すべきです。

練習問題

9. 次の`MySQLTableGateway`クラスを見てください。これは、提供された`ConnectionConfiguration`を使用してデータベースに接続します。

```
final class MySQLTableGateway
{
    private Connection connection;

    public function __construct(
        ConnectionConfiguration connectionConfiguration,
        string tableName
    ) {
        this.tableName = tableName;

        this.connect(connectionConfiguration);
    }

    private function connect(
        ConnectionConfiguration connectionConfiguration
    ): void {
        this.connection = new Connection(
            // ...
        );
    }

    public function insert(array data): void
```

```
    {
        this.connection.insert(this.tableName, data);
    }
}
```

このクラスを書き直して、コンストラクタがプロパティに値を代入する以外、何もしないようにしましょう。

2.11　引数が無効な場合には例外を投げる

　クラスのクライアントが無効なコンストラクタ引数を渡した場合、型チェッカは警告を出します。たとえば、引数がLoggerインスタンスを必要としているところに、クライアントがbool値を渡す、などという場合です。しかし、型システムに頼るだけでは不十分な種類の引数もあります。たとえば、次のAlertingクラスでは、コンストラクタ引数は設定フラグを表すint型の値です。

例2-34　Alertingはint型のコンストラクタ引数を要求する

```
final class Alerting
{
    private int minimumLevel;

    public function __construct(int minimumLevel)
    {
        this.minimumLevel = minimumLevel;
    }
}

alerting = new Alerting(-99999999);
```

　minimumLevelに任意のintを受け入れてしまうと、提供された値が現実的であり、ほかの箇所で意味のある方法で使用できるかどうかは定かではありません。代わりに、コンストラクタは値が有効であるかどうかをチェックし、有効でない場合は例外を投げる必要があります。次のように、引数の有効性が確認された後にのみ、代入するようにしましょう。

例2-35　代入する前にコンストラクタ引数を検証する

```
final class Alerting
{
    private int minimumLevel;

    public function __construct(int minimumLevel)
    {
        if (minimumLevel <= 0) {
            throw new InvalidArgumentException(
                'Minimum alerting level should be greater than 0'
            );
        }
```

```
            this.minimumLevel = minimumLevel;
        }
    }

    alerting = new Alerting(-99999999); ❶

    ❶    ここでInvalidArgumentExceptionが投げられる。
```

コンストラクタの中で例外を投げることで、無効な引数に基づいてオブジェクトが作成されるのを防ぐことができます。

 カスタム例外を投げる代わりに、再利用可能なアサーション関数を使用して、メソッドやコンストラクタ引数を検証するのが一般的です。これらについては「3.7 アサーションを使ってコンストラクタ引数を検証する」で詳しく説明します。

その後のオブジェクトの振る舞いがおかしくならないのであれば、例外を投げないという選択肢もあります。次のRouterクラスについて考えてみましょう。

例2-36　Routerは例外を投げない

```
final class Router
{
    private array controllers;
    private string notFoundController;

    public function __construct(
        array controllers,
        string notFoundController
    ) {
        this.controllers = controllers; ❶

        this.notFoundController = notFoundController;
    }

    public function match(string uri): string
    {
        foreach (this.controllers as pattern => controller) {
            if (this.matches(uri, pattern)) {
                return controller;
            }
        }

        return this.notFoundController;
    }

    private function matches(string uri, string pattern): bool
    {
        // ...
    }
}

router = new Router(
```

```
    [
        '/' => 'homepage_controller'
    ],
    'not-found'
);

router.match('/');                              ❷
```

❶　controllers配列が空かどうかを確認する必要があるだろうか?
❷　この場合、homepage_controllerが返される。

　ここでcontrollers引数を検証して、少なくともひとつのURIパターンとコントローラ名のペアが含まれていることを確認すべきでしょうか? 実際のところ、その必要はありません。なぜなら、controllers配列が空でもRouterの振る舞いがおかしくなることはないからです。空の配列を受け取って、クライアントがmatch()を呼び出すと、渡されたURIにマッチするパターンがないため、not-foundコントローラが返されるだけです。これはルータに期待される振る舞いですので、ロジックが壊れているとはみなされません。

　しかし、controllers配列のすべてのキーと値が文字列であることは確認する必要があります。そうすることで、プログラミングのミスを早期に発見できます。次の例を考えてみましょう。

例2-37　Routerはcontrollers配列を検証する必要がある

```
final class Router
{
    // ...

    public function __construct(array controllers)
    {
        foreach (array_keys(controllers) as pattern) {
            if (!is_string(pattern)) {
                throw new InvalidArgumentException(
                    'All URI patterns should be provided as strings'
                );
            }
        }
        foreach (controllers as controller) {
            if (!is_string(controller)) {
                throw new InvalidArgumentException(
                    'All controllers should be provided as strings'
                );
            }
        }
        this.controllers = controllers;
    }

    // ...
}
```

　あるいは、アサーションライブラリやカスタムのアサーション関数を使用してcontrollersの内容を検証したり（アサーション関数については「3.7 アサーションを使ってコンストラクタ引数

を検証する」で詳しく説明します）、次のリストのように型システムを使用して型をチェックもできます。addController()メソッドの引数は明示的に文字列型になっているので、このメソッドをcontrollers配列のすべてのキーと値のペアで呼び出すと、配列のすべてのキーと値が文字列であることを表明したのと同じことになります。

例2-38　controllers配列の検証のための代替案

```
final class Router
{
    private array controllers = [];

    public function __construct(array controllers)
    {
        foreach (controllers as pattern => controller) { ❶
            this.addController(pattern, controller);
        }
    }

    private function addController(
        string pattern,
        string controller
    ): void {
        this.controllers[pattern] = controller;
    }

    // ...
}
```

❶　controllersを直接代入するのではなく、addController()に任せる。

練習問題

10. 次のEventDispatcherクラスのコンストラクタは、渡されたeventListeners引数が満たすべき構造であることを適切に検証していません。クライアントから無効な値を渡された場合は例外を投げるように、コンストラクタを書き直しましょう。

```
final class EventDispatcher
{
    private array eventListeners;

    public function __construct(array eventListeners)
    {
        this.eventListeners = eventListeners;
    }

    public function dispatch(object event): void
    {
        eventName = event.className;

        listeners = isset(this.eventListeners[eventName]) ?
            this.eventListeners[eventName] : [];
```

```
        foreach (listeners as listener) {
            listener(event);
        }
    }
}
```

2.12 サービスは少数のエントリポイントを持つイミュータブルな オブジェクトグラフとして定義する

アプリケーションフレームワークがコントローラ（Webコントローラであれコマンドラインアプリケーションのコントローラであれ）を呼び出したら、すべての依存関係を知っていると考えることができます。たとえば、Webコントローラはオブジェクトを取得するためにはリポジトリを必要とします。テンプレートをレンダリングするためにはテンプレートエンジンが必要です。レスポンスオブジェクトを作成するためにはレスポンスファクトリが必要といった形です。これらすべての依存関係はそれ自身の依存関係を持っており、それらがきちんとコンストラクタ引数として列挙されていれば、すべての依存関係を一度に作成できます。その結果として、かなり大きなオブジェクトのグラフが得られます。

フレームワークが別のコントローラを呼び出すことにした場合、そのタスクを実行するために、依存するオブジェクトの別のグラフを使用することになります。コントローラ自体も依存関係を持つサービスですので、図2-4に示すように、コントローラはアプリケーションのオブジェクトグラフのエントリポイントだと考えることができます。

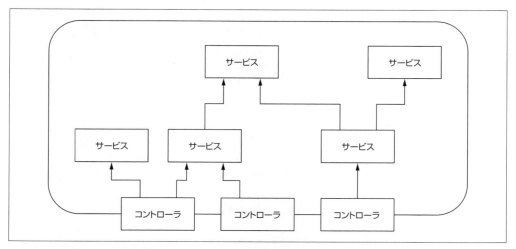

図2-4 このグラフにはアプリケーションのすべてのサービスが含まれており、コントローラはエントリポイントのサービスとなっている。コントローラは、直接取得できる唯一のサービスである。ほかのサービスはすべて、注入された依存関係としてのみ利用できる

　多くのアプリケーションにはサービスコンテナのようなものがあり、アプリケーションのすべてのサービスがどう作成され、どういった依存関係を持ち、その依存関係がどう作成されるのかなどを記述します。このコンテナは、サービスロケータとしても機能します。コンテナにサービスのひとつを返すよう依頼し、それを利用するのです。サービスロケータをどう使うかについては、「2.3　サービスロケータを注入するのではなく、必要なもの自体を注入する」で、依存関係を取得できるサービスロケータを注入するのではなく、必要な依存関係を直接注入するというルールについて議論したときに見ました。

　次のような場合を考えてみましょう。

- アプリケーション内のすべてのサービスは、ひとつの大きなオブジェクトグラフを形成する。
- エントリポイントは、コントローラである。
- どのサービスも、サービスを取得するためにサービスロケータを必要としない。

　この場合、サービスコンテナは、コントローラを取得するためのパブリックメソッドのみを提供すれば良いと結論付けることができます。コンテナで定義されるほかのサービスは、プライベートなままでかまいませんし、そうすべきです。なぜなら、それらはコントローラに注入される依存関係としてのみ必要とされるからです。

　このことをコードに置き換えると、サービスコンテナは、コントローラを取得するためのサービスロケータとして使用できることを意味します。コントローラオブジェクトを作成するために必要なそのほかのサービスをインスタンス化するロジックは、すべて舞台裏のプライベートメソッドに置いておくことができます。

例2-39　エントリポイント用のパブリックメソッドと依存関係用のプライベートメソッド

```
final class ServiceContainer
{
    public function homepageController(): HomepageController
    {
        return new HomepageController(
            this.userRepository(),
            this.responseFactory(),
            this.templateRenderer()
        );
    }

    private function userRepository(): UserRepository
    {
        // ...
    }

    private function responseFactory(): ResponseFactory
    {
        // ...
    }
```

```
    private function templateRenderer(): TemplateRenderer
    {
        // ...
    }

    // ...
}

if (uri == '/') { ❶
    controller = serviceContainer.homepageController();
    response = controller.execute(request);
    // ...
} elseif (/* ... */) {
    // ...          ❷
}
```

❶　フレームワークは、ルータを使用して、現在のリクエストに適したコントローラを見つけることができる。そして、サービスロケータからコントローラを取得し、リクエストを処理させることができる。
❷　別のコントローラを取得し、呼び出す。

　サービスコンテナは、サービスの再利用を可能にします。そのため、コントローラをエントリポイントとしたオブジェクトグラフにおいて、すべてのブランチが完全に独立しているわけではありません。たとえば、別のコントローラでHomepageControllerと同じTemplateRendererインスタンスを使うこともあります（**図2-5**を参照）。このため、サービスの振る舞いをできるだけ予測できるようにすることが重要です。これまでに説明したルールをすべて適用すれば、一度インスタンスを生成すれば何度でも再利用できるオブジェクトグラフができあがります。

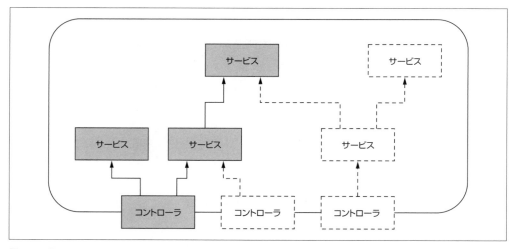

図2-5　異なるエントリポイントでは、オブジェクトグラフの異なるブランチを使用する

2.13 まとめ

- サービスは1回で作成し、依存関係や設定値をすべてコンストラクタ引数として与えるようにします。サービスの依存関係はすべて明示的に、オブジェクトとして注入されるべきです。すべての設定値は検証されるべきです。コンストラクタに何らかの形で無効な引数が渡された場合は、例外を投げるべきです。
- 作成後のサービスはイミュータブルであるべきで、どのメソッドを呼び出しても振る舞いが変化してはいけません。
- アプリケーションの全サービスを組み合わせると、大きなイミュータブルオブジェクトグラフが形成されます。このオブジェクトグラフは多くの場合サービスコンテナによって管理されます。コントローラは、このグラフのエントリポイントになります。サービスは一度インスタンス化すれば、何度でも再利用できます。

2.14 練習問題の解答

1. 正解：bとc

2. 正解：bとd

3. 模範解答

```
final class FileCache implements Cache
{
    private string cacheDirectory;

    public function __construct(string cacheDirectory)
    {
        this.cacheDirectory = cacheDirectory;
    }
    // ...
}
```

4. 模範解答

```
final class MySQLTableGateway
{
    public function __construct(
        ConnectionConfiguration connectionConfiguration,
        string table ❶
    ) {
        // ...
    }
```

```
}
```

❶　テーブルの名前は、データベースへの接続を行うために必要な情報の一部ではないので、新しい
ConnectionConfigurationオブジェクトに移動されない。

5.　正解：c。注入された依存関係は、実際の依存関係を取得するためではなく、直接使われるべきで
す。

6.　まず、eventDispatcherを必須の引数にし、setEventDispatcher()メソッドを削除します。

```
final class CsvImporter
{
    private EventDispatcher eventDispatcher;

    public function __construct(EventDispatcher eventDispatcher)
    {
        this.eventDispatcher = eventDispatcher;
    }
}
```

そして、EventDispatcherの「ダミー」の実装を提供します。これは、クライアントが実際にイベ
ントを発行したくない場合に、注入できます。

```
final class EventDispatcherDummy implements EventDispatcher
{
    public function dispatch(string eventName): void
    {
        // 何もしない
    }
}
```

7.　正解：d。Uuid.create()はstaticメソッドですが、代わりにコンストラクタ引数として注入で
きるスタティックな依存関係ではありません（実際には名前付きコンストラクタです）。また、Uuid
は設定値でもありません。Uuid.create()を呼び出して新しいインスタンスを作成するたびに、
その実際の値は異なるからです。

8.　正解：cとd。ユーザーの言語は、メソッド引数として提供されるべき文脈的な情報です。コンスト
ラクタ引数として注入すべきではありませんし、注入されたサービスから取得するべきでもありませ
ん。translateにそれを渡すことで、サービスが暗黙的に文脈的な情報に頼ることから解放され
ます。

9.　模範解答

```
final class MySQLTableGateway
{
```

```
    private ConnectionConfiguration connectionConfiguration; ❶

    public function __construct(
        ConnectionConfiguration connectionConfiguration,
        string tableName
    ) {
        this.connectionConfiguration = connectionConfiguration;
        this.tableName = tableName;
    }

    private function connect(): void
    {
        if (this.connection instanceof Connection) {
            return;                                          ❷
         }

        this.connection = new Connection(                   ❸
            // ...
        );
    }

    public function insert(array data): void
    {
        this.connect();                                      ❹

        this.connection.insert(this.tableName, data);
    }
}
```

❶ 接続設定をプロパティに保存し、後でデータベースへの接続に使用できるようにする。
❷ まだ接続されていないか確認する。
❸ this.connectionConfigurationを使用して、実際の接続を設定する。
❹ 接続が必要なときはいつでも、まずconnect()を呼び出す。

10. 模範解答

```
public function __construct(array eventListeners)
{
    foreach (eventListeners as eventName => listeners) {
        if (!is_string(eventName)) {
            throw new InvalidArgumentException(
                'eventName should be a string'
            );
        }
        if (!is_array(listeners)) {
            throw new InvalidArgumentException(
                'listeners should be an array'
            );
        }
        foreach (listeners as listener) {
            if (!is_callable(listener)) {
                throw new InvalidArgumentException(
                    'listener should be a callable'
                );
```

```
        }
    }
}

this.eventListeners = eventListeners;
}
```

別の案として、インタプリタの型チェッカに依存する方法もあります。

```
private array eventListeners = [];                              ❶

public function __construct(array eventListeners)
{
    foreach (eventListeners as eventName => listeners) {
        this.addListeners(eventName, listeners);
    }
}

private function addListeners(string eventName, array listeners): void ❷
{
    foreach (listeners as listener) {
        if (!is_callable(listener)) {
            throw new InvalidArgumentException(
                'listener should be a callable'
            );
        }
    }

    this.eventListeners[eventName] = listeners;
}
```

❶ eventListenersプロパティのための値をひとつずつ収集するので、空の配列として初期化する必要がある。
❷ 引数の型によって、元のeventListeners配列の各要素のキーが文字列で、それに対応する値が配列であることを強制する。

3章
ほかのオブジェクトの作成

前章で、オブジェクトにはサービスとそのほかのオブジェクトの2種類があると述べました。2つ目の種類のオブジェクトは、さらに分けることができます。すなわち、**バリューオブジェクト**と**エンティティ**(「モデル」としても知られます)です。サービスはエンティティを作成または取得し、それを操作したり、ほかのサービスに渡したりします。また、サービスはバリューオブジェクトを作成し、それをメソッド引数として渡したり、バリューオブジェクトを修正したコピーを作成したりします。この意味で、エンティティやバリューオブジェクトは、サービスがタスクを実行するために使用する材料となります。

2章では、サービスオブジェクトをどのように作成すべきかを見てきました。本章では、これらのほかのオブジェクトを作成するためのルールについて見ていきます。

3.1　一貫した振る舞いに最低限必要なデータを要求する

位置を表す次のPositionクラスを見てみましょう。

例3-1　Positionクラス

```
final class Position
{
```

```
    private int x;
    private int y;

    public function __construct()
    {
        // 何もしない
    }

    public function setX(int x): void
    {
        this.x = x;
    }

    public function setY(int y): void
    {
        this.y = y;
    }

    public function distanceTo(Position other): float
    {
        return sqrt(
            (other.x - this.x) ** 2 +
            (other.y - this.y) ** 2
        );
    }
}

position = new Position();
position.setX(45);
position.setY(60);
```

　setX()とsetY()の両方を呼び出すまでは、オブジェクトは一貫性のない状態にあります。setX()やsetY()を呼び出す前にdistanceTo()を呼び出すと、このことがわかります。この場合、意味のある答えは得られません。

　位置という概念にはxとyの両方があることが重要です。そのため、xとyの両方の値を提供しないとPositionオブジェクトを作成できないようにすべきです。

例3-2　Positionはxとyのコンストラクタ引数を要求する

```
final class Position
{
    private int x;
    private int y;

    public function __construct(int x, int y)
    {
        this.x = x;
        this.y = y;
    }

    public function distanceTo(Position other): float
    {
        return sqrt(
```

```
            (other.x - this.x) ** 2 +
            (other.y - this.y) ** 2
        );
    }
}

position = new Position(45, 60); ❶
```

❶ x と y を指定しないと、Position のインスタンスを得ることができない。

これは、コンストラクタを使用した**ドメイン不変条件**を保護する方法の例です。ドメイン不変条件とは、オブジェクトが表す概念に関するドメイン知識に基づいて、与えられたオブジェクトに対して常に真であるものを指します。ここで保護されているドメイン不変条件は、「位置はxとyの両方の座標を持つ」というものです。

練習問題

1. ここで使われている Money オブジェクトのなにが問題でしょうか？

```
money = new Money()
money.setAmount(100);
money.setCurrency('USD');
```

   a. 最低限必要なデータを提供するためにセッタを使っている。
   b. 依存関係がない。
   c. デフォルトのコンストラクタ引数を持つように見える。
   d. 一貫性のない状態になる可能性がある。

3.2　意味をなすデータを要求する

先ほどの例では、コンストラクタはどんな整数でも、正でも負でも、両方向に無限大まで受け付けます。ここで、別の座標系を考えてみましょう。位置は緯度と経度で構成され、その組み合わせで地球上の位置が決まります。この場合、取り得るすべての値が緯度や経度として意味を持つとは限りません。

例3-3 Coordinates クラス

```
final class Coordinates
{
    private float latitude;
    private float longitude;

    public function __construct(float latitude, float longitude)
    {
        this.latitude = latitude;
```

```
            this.longitude = longitude;
        }

        // ...
    }

    meaningfulCoordinates = new Coordinates(45.0, -60.0);

    offThePlanet = new Coordinates(1000.0, -20000.0); ❶
```

❶　意味をなさないCoordinatesオブジェクトの作成を防ぐことができていない。

　クライアントが意味をなさないデータを渡すことができないようにしましょう。何が意味をなさないデータとするかは、ドメイン不変条件と言うこともできます。この場合の不変条件は「座標の緯度は-90以上90以下の値であり、経度は-180以上180以下の値である」となります。

　オブジェクトを設計するときは、このドメイン不変条件を指針としましょう。さらに不変条件を見出すたびに、それをユニットテストに組み込みましょう。例として、次のリストでは「1.10 ユニットテスト」で説明したexpectException()ユーティリティを使用しています。

例3-4　Coordinatesのドメイン不変条件の検証

```
    expectException(
        InvalidArgumentException.className, ❶
        'Latitude',                         ❷
        function() {                        ❸
            new Coordinates(90.1, 0.0);
        }
    );
    expectException(
        InvalidArgumentException.className,
        'Longitude',
        function() {
            new Coordinates(0.0, 180.1);
        }
    );
    // など
```

❶　想定される例外の型。
❷　例外が発生したときのメッセージに含まれるべきキーワード。
❸　例外を発生させるはずの無名関数

　これらのテストを成功させるために、渡された引数に何か問題がある場合はすぐにコンストラクタで例外を投げるようにしましょう。

例3-5　無効なコンストラクタ引数に対して例外を投げる

```
    final class Coordinates
    {
        // ...

        public function __construct(float latitude, float longitude)
        {
```

```
            if (latitude > 90 || latitude < -90) {
                throw new InvalidArgumentException(
                    'Latitude should be between -90 and 90'
                );
            }
            this.latitude = latitude;

            if (longitude > 180 || longitude < -180) {
                throw new InvalidArgumentException(
                    'Longitude should be between -180 and 180'
                );
            }
            this.longitude = longitude;
        }
    }
```

　（前章で説明したように）コンストラクタ内の文の順序は重要ではありませんが、それでも、関連するプロパティに代入する直前にその値をチェックすることをお勧めします。そうすることで、コードの読者は2つの文がどのように関連しているかを容易に理解できます。

　場合によっては、コンストラクタの各引数単体で有効であることを確認するだけでは不十分なこともあります。提供されたコンストラクタ引数が一緒になって意味を持つかどうかを検証する必要がある場合もあります。次の例では、ホテルの予約情報を保持するための`ReservationRequest`クラスを示します。

例3-6　ReservationRequestクラス

```
    final class ReservationRequest
    {
        public function __construct(
            int numberOfRooms,
            int numberOfAdults,
            int numberOfChildren
        ) {
            // ...
        }
    }
```

　このオブジェクトのビジネスルールについてドメインエキスパートと議論すると、以下のようなルールが明らかになるでしょう。

● 大人が必ず1人以上いなければならない（子どもだけでホテルの部屋を予約できない）。
● 全員が自分の部屋を持つことはできるが、宿泊客の数より多くの部屋を予約することはできない（誰も使わないような部屋を予約できない）。

　つまり、`numberOfRooms`と`numberOfAdults`は関連しており、一緒になって初めて意味をなすかどうかを考えることができるとわかりました。次のリストのように、コンストラクタが両方の

値を受け取り、対応するビジネスルールが守られているようにしなければなりません。

例3-7 コンストラクタ引数が意味をなすかの検証

```
final class ReservationRequest
{
    public function __construct(
        int numberOfRooms,
        int numberOfAdults,
        int numberOfChildren
    ) {
        if (numberOfRooms > numberOfAdults + numberOfChildren) {
            throw new InvalidArgumentException(
                'Number of rooms should not exceed number of guests'
            );
        }

        if (numberOfAdults < 1) {
            throw new InvalidArgumentException(
                'numberOfAdults should be at least 1'
            );
        }

        if (numberOfChildren < 0) {
            throw new InvalidArgumentException(
                'numberOfChildren should be at least 0'
            );
        }
    }
}
```

こうしてみるとコンストラクタ引数は互いに関連しているように見えますが、再設計することで複数の引数の検証を回避できるようなケースもあります。次のクラスを考えてみましょう。このクラスは、2つの当事者間でお金を分けるような商取引を表しています。

例3-8 Dealクラス

```
final class Deal
{
    public function __construct(
        int totalAmount,
        int amountToFirstParty,
        int amountToSecondParty
    ) {
        // ...
    }
}
```

少なくともそれぞれのコンストラクタ引数は個別に検証する必要があります（合計金額が0より大きいこと、など）。しかし、すべての引数にまたがる不変条件もあります。それは、両者が得る金額の合計が合計量と等しくなければならないということです。次のリストは、このルールをどのよ

うに検証するかを示しています。

例3-9 Dealでの両者の金額の合計の検証

```
final class Deal
{
    public function __construct(
        int totalAmount,
        int amountToFirstParty,
        int amountToSecondParty
    ) {
        // ...

        if (amountToFirstParty + amountToSecondParty
            != totalAmount) {
            throw new InvalidArgumentException(/* ... */);
        }
    }
}
```

　おそらくお気付きでしょうが、このルールはもっと簡単な方法で施行できます。クライアントがamountToFirstPartyとamountToSecondPartyに正の数値を渡しさえすれば、合計金額そのものを渡す必要はありません。Dealオブジェクトは、これらの値を合計することで取引の総額を計算できます。そうすることで、コンストラクタ引数をまとめて検証する必要性がなくなります。

例3-10 余計なコンストラクタ引数を削除

```
final class Deal
{
    private int amountToFirstParty;
    private int amountToSecondParty;

    public function __construct(
        int amountToFirstParty,
        int amountToSecondParty
    ) {
        if (amountToFirstParty <= 0) {
            throw new InvalidArgumentException(/* ... */);
        }
        this.amountToFirstParty = amountToFirstParty;

        if (amountToSecondParty <= 0) {
            throw new InvalidArgumentException(/* ... */);
        }
        this.amountToSecondParty = amountToSecondParty;
    }

    public function totalAmount(): int
    {
        return this.amountToFirstParty
            + this.amountToSecondParty;
    }
}
```

コンストラクタ引数を一緒に検証する必要があるように見える別の例として、線分を表す次のようなクラスがあります。

例3-11　Lineクラス

```
final class Line
{
    public function __construct(
        bool isDotted,
        int distanceBetweenDots
    ) {
        if (isDotted && distanceBetweenDots <= 0) { ❶
            throw new InvalidArgumentException(
                'Expect the distance between dots to be positive.'
            );
        }

        // ...
    }
}
```

❶　距離を気にするのは点線の場合のみ。実線の場合は、距離を気にする必要はない。

しかし、これは、点線と実線の2つの異なる線分を定義する方法をクライアントに提供することで、よりエレガントに処理できます。異なる種類の線分は、異なるコンストラクタで作成できます。

例3-12　Lineは異なる線分を作成する方法を提供

```
final class Line
{
    private bool isDotted;
    private int distanceBetweenDots;

    public static function dotted(int distanceBetweenDots): Line
    {
        if (distanceBetweenDots <= 0) {
            throw new InvalidArgumentException(
                'Expect the distance between dots to be positive.'
            );
        }
        line = new Line(/* ... */);
        line.distanceBetweenDots = distanceBetweenDots;
        line.isDotted = true;

        return line;
    }

    public static function solid(): Line
    {
        line = new Line();

        line.isDotted = false; ❶

        return line;
    }
```

```
}
```

❶ ここでは distanceBetweenDots を気にする必要はありません！

これらのスタティックメソッドは**名前付きコンストラクタ**と呼ばれます。詳しくは「3.9 名前付きコンストラクタを使う」で見ていきます。

練習問題

2. PriceRange は、ある品物に対して入札者が支払うであろう最低価格と最高価格をセント単位で表します。

```
final class PriceRange
{
    public function __construct(int minimumPrice, int maximumPrice)
    {
        this.minimumPrice = minimumPrice;
        this.maximumPrice = maximumPrice;
    }
}
```

コンストラクタは現在、両方の引数で任意の int 値を受け取ります。このコンストラクタを改良して、これらの値が意味をなさない場合に失敗するようにしましょう。

すべてのオブジェクトが作成時に必要最低限のデータを受け取り、そのデータが正しく意味をなすものであることを確認すれば、アプリケーションでは完全で有効なオブジェクトしか目にしないようになります。すべてのオブジェクトは、意図したとおりに使用できると考えて問題ないはずです。驚きはなく、余計な検証も必要ないはずです。

3.3　無効な引数の例外にカスタム例外クラスを使用しない

これまでのところ、メソッド引数が期待にそぐわない場合は、汎用的な InvalidArgumentException を使ってきました。InvalidArgumentException を継承したカスタム例外クラスを使うこともできます。そうすることの利点は、特定の種類の例外を捕捉して、それに即した方法で処理できることです。

例3-13　SpecificException を捕捉して処理できる
```
final class SpecificException extends InvalidArgumentException
{
}

try {
    // オブジェクトを作ろうとする
} catch (SpecificException exception) {
```

```
    // この特定の問題に応じた方法で対処する
  }
```

しかし、無効な引数の例外については、そのようなことをする必要はほとんどないはずです。無効な引数とは、クライアントがそのオブジェクトを無効な方法で使用していることを意味します。通常、これはプログラミングのミスによって引き起こされます。そのような場合はきちんと失敗し、復旧しようとする代わりに間違いを修正したほうがよいでしょう。

一方RuntimeExceptionについては、そこから復旧したり、ユーザーにとってわかりやすいエラーメッセージに変換するために、カスタム例外クラスを使用することは多くの場合、理にかなっています。カスタムの実行時例外とその作成方法については、「5.2 例外に関するルール」で説明します。

3.4　例外のメッセージを分析することで特定の無効な引数例外をテストする

メソッド引数を検証する際に汎用的なInvalidArgumentExceptionクラスだけを使用する場合でも、ユニットテストでそれらを区別する方法が必要です。Coordinatesクラスとコンストラクタをもう一度見てみましょう。

例3-14　Coordinatesクラス

```
final class Coordinates
{
    // ...

    public function __construct(float latitude, float longitude)
    {
        if (latitude > 90 || latitude < -90) {
            throw new InvalidArgumentException(
                'Latitude should be between -90 and 90'
            );
        }
        this.latitude = latitude;
        if (longitude > 180 || longitude < -180) {
            throw new InvalidArgumentException(
                'Longitude should be between -180 and 180'
            );
        }
        this.longitude = longitude;
    }
}
```

クライアントが間違った引数を渡せないことを確認したいので、次のようなテストをいくつか書いてみましょう。

例3-15　Coordinatesのドメイン不変条件に関するテスト

```
// 緯度は90.0度より大きい値は取れない
expectException(
    InvalidArgumentException.className,
    function() {
        new Coordinates(90.1, 0.0);
    }
);
// 緯度は-90.0度より小さい値は取れない
expectException(
    InvalidArgumentException.className,
    function() {
        new Coordinates(-90.1, 0.0);
    }
);
// 経度は180.0度より大きい値は取れない
expectException(
    InvalidArgumentException.className,
    function() {
        new Coordinates(-90.1, 180.1);
    }
);
```

　最後のテストケースでは、コンストラクタから投げられるInvalidArgumentExceptionは、私たちが期待するものではありません。このテストケースでは、前のテストケースの緯度の無効な値（-90.1）を再利用しているので、Coordinatesオブジェクトを構築しようとすると、「緯度は-90.0以上-90.0以下であるべきである」という例外が投げられます。しかし、このテストは、コードが経度に対する無効な値を拒否することを確認するためのものでした。これでは、すべてのテストが成功したとしても、経度の範囲チェックができていないままです。

　このような間違いを防ぐには、ユニットテストで捕捉した例外が本当に期待通りのものであるかどうかを常に確認するようにしましょう。これを行う実用的な方法は、例外メッセージに特定の単語が含まれているかどうかを確認することです。

例3-16　例外メッセージに特定の文字列が含まれているかどうかを検証する

```
expectException(
    InvalidArgumentException.className,
    'Longitude', ❶
    function() {
        new Coordinates(-90.1, 180.1);
    }
);
```

❶　この単語が例外メッセージの中にあるはず。

　例3-15のテストにこの例外メッセージの検証を追加すると、テストは失敗します。コンストラ

クタに適切な緯度の値を指定すれば、再び成功します。

3.5　ドメイン不変条件が複数の場所で検証されるのを防ぐために新しいオブジェクトを抽出する

　同じ検証ロジックが同じクラス、あるいは異なるクラスで繰り返されているのをよく見かけるかもしれません。例として、次のUserクラスを見てみましょう。このクラスは、言語の標準ライブラリの関数を使用して、複数の場所でメールアドレスを検証しています。

例3-17　Userクラス

```
final class User
{
    private string emailAddress;

    public function __construct(string emailAddress)
    {
        if (!is_valid_email_address(emailAddress)) { ❶
            throw new InvalidArgumentException(
                'Invalid email address'
            );
        }
        this.emailAddress = emailAddress;
    }

    // ...

    public function changeEmailAddress(string emailAddress): void
    {
        if (!is_valid_email_address(emailAddress)) { ❷
            throw new InvalidArgumentException(
                'Invalid email address'
            );
        }
        this.emailAddress = emailAddress;
    }
}

expectException(                                        ❸
    InvalidArgumentException.className,
    'email',
    function () {
        new User('not-a-valid-email-address');
    }
);

user = new User('valid@emailaddress.com');              ❹

expectException(                                        ❺
    InvalidArgumentException.className,
    'email',
    function () use (user) {
```

```
            user.changeEmailAddress('not-a-valid-email-address');
        }
);
```

❶　入力されたメールアドレスが有効であるかどうかを検証する。
❷　更新する場合は、再度検証する。
❸　コンストラクタで無効なメールアドレスを捕捉する。
❹　まず有効なUserオブジェクトを作成する。
❺　changeEmailAddress()も無効なメールアドレスを捕捉する。

　メールアドレス検証のロジックを別のメソッドに抽出することも簡単にできますが、よりよい解決策は、有効なメールアドレスを表す新しいタイプのオブジェクトを導入することです。すべてのオブジェクトは作成された時点で有効であると期待されるので、クラス名に「valid」とは含めず、次のように実装します。

例3-18　EmailAddressクラス

```
final class EmailAddress
{
    private string emailAddress;

    public function __construct(string emailAddress)
    {
        if (!is_valid_email_address(emailAddress)) {
            throw new InvalidArgumentException(
                'Invalid email address'
            );
        }
        this.emailAddress = emailAddress;
    }
}
```

　EmailAddressオブジェクトに出会うたびに、それはすでに検証済みの値であることがわかっています。

```
final class User
{
    private EmailAddress emailAddress;

    public function __construct(EmailAddress emailAddress)
    {
        this.emailAddress = emailAddress;
    }

    // ...

    public function changeEmailAddress(EmailAddress emailAddress): void
    {
        this.emailAddress = emailAddress;
    }
}
```

　バリューオブジェクトと呼ばれる新しいオブジェクトの中に値をラップすることは、検証ロジックをさまざまな場所で繰り返すことを回避するのに役に立つだけではありません。あるメソッドがプリミティブ型の値（string、intなど）を受け入れていることに気付いたら、すぐにその値のためのクラスを導入することを検討すべきです。これを行うかどうかの指針となる質問は、「ここではあらゆるstringやintなどを受け入れられるか？」です。もし答えがノーなら、その概念のために新しいクラスを導入しましょう。

　stringやintなどが型であるのと同様に、バリューオブジェクトクラス自体も型であると考えるべきです。ドメインの概念を表すオブジェクトを導入することで、型システムを効果的に拡張できます。なぜなら、言語のコンパイラやランタイムが型チェックを行い、メソッド引数を渡したり値を返したりする際に、正しい型だけが使われるようにできるからです。

練習問題

3.　国コードは2文字の文字列で表すことができますが、すべての2文字の文字列が有効な国コードになるわけではありません。有効な国コードを表すバリューオブジェクトクラスを作成してください。ここでは、国コードのリストはNLとGBの2つであると仮定します。

3.6　複合値を表現する新しいオブジェクトを抽出する

　これまでに見てきたような新しい型を作成すると、いくつかの型は自然と一緒に使われ、さまざまなメソッド呼び出しで常に一緒に渡されることに気付くでしょう。たとえば、次のリストのように、金額には常にその金額の通貨が付属します。もしメソッドが金額だけを受け取ったとしても、それをどう扱えばよいのかわからないでしょう。

例3-19　Amount と Currency

```
final class Amount
{
    // ...
}

final class Currency
{
    // ...
}

final class Product
{
    public function setPrice( ❶
        Amount amount,
        Currency currency
    ): void {
```

```
        // ...
    }
}

final class Converter
{
    public function convert(   ❶
        Amount localAmount,
        Currency localCurrency,
        Currency targetCurrency
    ): Amount {
        // ...
    }
}
```

❶   AmountとCurrencyは常に一緒に使われる。

　この例の最後のメソッドでは、戻り値の型は非常に混乱を招くものです。Amountが返され、こ
の金額の通貨は引数で渡されたtargetCurrencyと一致することが期待されます。しかし、この
メソッドの型を見ても、それは明らかではありません。

　複数の値が一緒になっている（あるいは常に一緒に見つかる）ことに気付いたら、それらの値
を新しい型にラップしてください。AmountとCurrencyの場合、この2つの組み合わせの名前は
「money」が適切で、結果としてMoneyクラスが生まれます。

例3-20 Money クラス

```
final class Money
{
    public function __construct(Amount amount, Currency currency)
    {
        // ...
    }
}
```

　この型を使用することで、これらの値をまとめて使用したいことを示しますが、別々に使用した
い場合は、依然としてそれも可能です。

オブジェクトの型を増やすとより多くの文字を入力しなければ
なりません。それは本当に必要なことなのでしょうか？

　たしかに単に100と入力するよりもnew Amount(100)の方が多くの入力が必要となります。
しかし、その労力に見合うだけのメリットがオブジェクト型を使うことで得られます。

1. オブジェクトが包んでいるデータは検証済みであると確信できる。
2. 通常オブジェクトは、そのデータを利用した、意味のある振る舞いを追加で公開する。

3. オブジェクトは、一緒に使われる値をまとめておくことができる。
4. オブジェクトは、クライアントから実装の詳細を隠蔽するのに役立つ。

　もし、プリミティブな値からこれらのオブジェクトを一つ一つ作るのが面倒だと感じるなら、それらを作るためのヘルパーメソッドを導入すると良いでしょう。次のリストはその例です。

```
// 変更前：
money = new Money(new Amount(100), new Currency('USD'));
// 変更後：
money = Money.create(100, 'USD');
```

　このようなオブジェクトの作成方法については、「3.9 名前付きコンストラクタを使う」で詳しく説明します。

練習問題

4. Run オブジェクトを使用すると、走った距離を保存できます。

```
final class Run
{
    public function __construct(int distance)
    {
        // ...
    }
}
```

　現在の実装の問題点は、distanceがどのような値を表しているかを確かめる方法がないことです。メートルでしょうか、フィートでしょうか、それともキロメートルでしょうか？ そのため、距離の量とその単位を表す新しいバリューオブジェクトが必要になります。距離はメートルかフィートのみで測定すると仮定して実装しましょう。

3.7　アサーションを使ってコンストラクタ引数を検証する

　何か問題がある時に例外を投げるコンストラクタの例を、すでにいくつか見てきました。一般的な構造は、常に次のようなものです。

```
if (somethingIsWrong()) {
    throw new InvalidArgumentException(/* ... */);
}
```

　このようなメソッドの冒頭でのチェックは「アサーション」と呼ばれ、基本的には安全性の
チェックです。アサーションは状況を把握し、材料を吟味し、異常があればシグナルを送ることが
できます。このため、アサーションは「前提条件チェック」とも呼ばれます。これらのアサーショ
ンを通過できれば、提供されたデータで目の前のタスクを実行しても大丈夫なはずです。

　同じようなチェックをいろいろなところに書くことが多いので、代わりにアサーションライブラ
リを使うと便利です[1]。こういったライブラリには、ほとんどすべての状況に対応できるようなア
サーション関数が多数含まれています。次にその例を示します。

```
Assertion.greaterThan(value, limit);
Assertion.isCallable(value);
Assertion.between(
    value,
    lowerLimit,
    upperLimit
);
// など
```

　ここで浮かぶ疑問は「これらのアサーションがうまく動作していることをそのオブジェクトのユ
ニットテストで検証すべきか？」というものです。ここでの指針となる質問は、「言語のランタイム
がこのケースを捕捉することは理論的に可能か」です。もし答えがイエスなら、そのためのユニッ
トテストを書く必要はありません。

　たとえば、PHPのような動的型付け言語には、引数の型を list of <class name> のように宣
言する方法がありません。代わりに、汎用的な array 型に頼らざるを得ません。渡された配列が本
当にある型のオブジェクトのフラットなリストであることを確認するには、次のアサーションを使
用する必要があります。

例3-21　EventDispatcher はコンストラクタでアサーション関数を使う

```
final class EventDispatcher
{
    public function __construct(array eventListeners)
    {
        Assertion.allIsInstanceOf(
            eventListeners,
            EventListener.className
        );

        // ...
    }
}
```

　これは、より進化した型システムであれば捕捉できるエラー条件です。そういった型システムを
持つ言語を使っている場合は allIsInstanceOf() が投げる AssertionFailedException を捕

---

[1]　PHPを使用している場合は、beberlei/assert あるいは Webmozart/assert パッケージを参照してください。

捉するユニットテストを書く必要はありません。しかし、与えられた値を検査して、それがある範囲内にあるかどうかを検証しなければならない場合、あるいは、リストの要素数を検証しなければならない場合などには、エッジケースをカバーするユニットテストを書く必要があるでしょう。前の例に戻ると、与えられた緯度が常に-90から90までの範囲にあるというドメイン不変条件は、テストで検証する必要があります。

例3-22　ドメイン不変条件に対するユニットテストを追加する

```
expectException(
    AssertionFailedException.className,
    'latitude',
    function() {
        new Coordinates(-90.1, 0.0)
    }
);
// など
```

例外を溜め込まない

　ツールによっては、アサーション例外を溜め込んで、それらをリストとしてまとめて投げることができるものもあります。しかし、それはやめましょう。アサーションは、ユーザーに対して間違っていることの便利なリストを提供するためのものではありません。これはプログラマーに向けて、コンストラクタやメソッドの使い方が間違っていることを知らせるためのものです。何か間違いに気付いたら、すぐにそのオブジェクトから知らせるようにしましょう。

　もしユーザーが提供したデータについて、間違っていることのリストを提供したい場合（フォームの送信時やAPIリクエストの送信時など）、代わりに**データ転送オブジェクト**（data transfer object、DTO）を使用して検証する必要があります。この種類のオブジェクトについては、本章の最後で説明します。

練習問題

5.　次のアサーション関数を使用できるとします。

```
Assertion.greaterThan(value, limit);
Assertion.greaterThanOrEqual(value, limit);
Assertion.between(
    value,
    lowerLimit,
    upperLimit
);
```

```
    Assertion.lessThan(value, limit);
```

PriceRangeのコンストラクタを書き換えて、適切なアサーション関数を使用するようにしま
しょう。

```
final class PriceRange
{
    public function __construct(int minimumPrice, int maximumPrice)
    {
        if (minimumPrice < 0) {
            throw new InvalidArgumentException(
                'minimumPrice should be 0 or more'
            );
        }
        if (maximumPrice < 0) {
            throw new InvalidArgumentException(
                'maximumPrice should be 0 or more'
            );
        }
        if (maximumPrice <= minimumPrice) {
            throw new InvalidArgumentException(
                'maximumPrice should be greater than minimumPrice'
            );
        }

        this.minimumPrice = miminumPrice;
        this.maximumPrice = maximumPrice;
    }
}
```

3.8　依存関係は注入せず必要ならばメソッド引数として渡す

　サービスは依存関係を持つことができ、それらはコンストラクタ引数として注入される必要があ
ります。しかし、それ以外のオブジェクトでは依存関係を受け取るべきではなく、値、バリューオ
ブジェクト、またはそれらのリストのみを受け取るようにしましょう。バリューオブジェクトが何
らかのタスクを実行するためにサービスを必要とする場合は、次のリストのように、必要に応じて
メソッド引数として注入しましょう。

例3-23　Money は ExchangeRateProvider サービスを必要とする

```
final class Money
{
    private Amount amount;
    private Currency currency;

    public function __construct(Amount amount, Currency currency)
    {
        this.amount = amount;
```

```
        this.currency = currency;
    }

    public function convert(
        ExchangeRateProvider exchangeRateProvider, ❶
        Currency targetCurrency
    ): Money {
        exchangeRate = exchangeRateProvider.getRateFor(
            this.currency,
            targetCurrency
        );

        return exchangeRate.convert(this.amount);
    }
}
```

❶　ExchangeRateProviderはコンストラクタ引数ではなく、メソッド引数。

　サービスをメソッド引数として渡すのは少し違和感があるかもしれません。そのため、別の実装を検討することは理にかなっています。ExchangeRateProviderサービスを渡すのではなく、そこから得られる情報であるExchangeRateのみを渡すべきかもしれません。この場合、Moneyはその内部のAmountとCurrencyの両方のオブジェクトを公開する必要がありますが、これは依存関係の注入を取り除くために支払う妥当な代償かもしれません。その結果、次のような状況になります。

例3-24　代替の実装：ExchangeRateProviderを渡さない

```
final class ExchangeRate
{
    public function __construct(
        Currency from,
        Currency to,
        Rate rate
    ) {
        // ...
    }

    public function convert(Amount amount): Money
    {
        // ...
    }
}

money = new Money(/* ... */);
exchangeRate = exchangeRateProvider.getRateFor(   ❶
    money.currency(),
    targetCurrency
);
converted = exchangeRate.convert(money.amount()); ❷
```

❶　先にExchangeRateを取得しておく。
❷　その後、それを使って手持ちの金額を変換する。

　さらに代替案を検討することで、次のリストのように、MoneyのAmountは公開せず、Currency
オブジェクトだけを公開する解決策に落ち着くかもしれません（オブジェクトの内部を公開すると
いう話題は、「6.3 内部状態を公開するようなクエリメソッドは避ける」で再び取り上げます）。

例3-25　ExchangeRateProviderの代わりにExchangeRateを渡す

```
final class Money
{
    public function convert(ExchangeRate exchangeRate): Money
    {
        Assertion.equals(
            this.currency,
            exchangeRate.fromCurrency()
        );

        return new Money(
            exchangeRate.rate().applyTo(this.amount),
            exchangeRate.targetCurrency()
        );
    }
}

money = new Money(/* ... */);
exchangeRate = exchangeRateProvider.getRateFor(
    money.currency(),
    targetCurrency
);
converted = money.convert(exchangeRate);
```

　この方法は、お金と為替レートに関するドメイン知識をより明確に表現していると言えるでしょ
う。たとえば、変換前の通貨は「元の」通貨であり、変換後はターゲットの通貨であることが明白
です。

　場合によっては、メソッド引数としてサービスを渡す必要があるということは、その振る舞いを
サービスとして実装すべきだと示唆しているかもしれません。ある金額をある通貨に変換する場
合、サービスを作成してその作業を任せ、渡されたAmountとCurrencyオブジェクトから関連す
るすべての情報を収集する方がよいでしょう。

例3-26　代替の実装：ExchangeServiceがすべての作業を行う

```
final class ExchangeService
{
    private ExchangeRateProvider exchangeRateProvider;

    public function __construct(
        ExchangeRateProvider exchangeRateProvider
    ) {
        this.exchangeRateProvider = exchangeRateProvider;
    }

    public function convert(
```

```
        Money money,
        Currency targetCurrency
    ): Money {
        exchangeRate = this.exchangeRateProvider
            .getRateFor(money.currency(), targetCurrency);

        return new Money(
            exchangeRate.rate().applyTo(money.amount()),
            targetCurrency
        );
    }
}
```

どの解決策を選ぶかは、どれだけ振る舞いをデータの近くに置きたいかや、Moneyのようなオブジェクトが為替レートについても知るのはやりすぎだと思うかどうか、オブジェクト内部の公開をどれだけ避けたいかによって決まります。

練習問題

6. 次のUserクラスがあったとして、PasswordHasherサービスをどのように提供すべきでしょうか？

```
interface PasswordHasher
{
    public function hash(string password): string;
}

final class User
{
    private string username;
    private string hashedPassword;

    public function __construct(string username)
    {
        this.username = username;
    }

    public function setPassword(
        string plainTextPassword
    ): void {
        this.hashedPassword = /* ... */; ❶
    }
}
```

❶ ここでPasswordHasherサービスを使ってパスワードをハッシュ化したい。

a. コンストラクタ引数を追加する。

```
private PasswordHasher hasher;
public function __construct(
```

```
    string username,
    PasswordHasher hasher
) {
    this.hasher = hasher;
}

public function setPassword(
    string plainTextPassword
): void {
    this.hashedPassword = this.hasher.hash(
        plainTextPassword
    );
}
```

b. クラスに setPasswordHasher(PasswordHasher passwordHasher) を追加する。

```
private PasswordHasher hasher;
public function setPasswordHasher(PasswordHasher hasher): void
{
    this.hasher = hasher;
}

public function setPassword(
    string plainTextPassword
): void {
    this.hashedPassword = this.hasher.hash(
        plainTextPassword
    );
}
```

c. メソッド引数として PasswordHasher を追加する。

```
public function setPassword(
    string plainTextPassword,
    PasswordHasher hasher
): void {
    this.hashedPassword = hasher.hash(
        plainTextPassword
    );
}
```

d. PasswordHasher をグローバルに利用できるようにする。

```
public function setPassword(
    string plainTextPassword
): void {
    this.hashedPassword = PasswordHasher.getInstance()
        .hash(
            plainTextPassword
        );
}
```

3.9　名前付きコンストラクタを使う

　サービスの場合は、標準的なコンストラクタの定義方法（`public function __construct()`）を使用して問題ありません。しかし、ほかのオブジェクトの場合は、**名前付きコンストラクタを使う**ことをお勧めします。名前付きコンストラクタは、インスタンスを返す`public static`なメソッドです。これらはオブジェクトファクトリとみなすことができます。

3.9.1　プリミティブ型の値からの作成

　名前付きコンストラクタを使用する一般的なケースは、単一または複数のプリミティブ型の値からオブジェクトを構築する場合です。これは、`fromString()`や`fromInt()`などのメソッドになります。例として、次の`Date`クラスを見てみましょう。

例3-27　string型の日付をラップするDateクラス

```
final class Date
{
    private const string FORMAT = 'd/m/Y';
    private DateTime date;

    private function __construct()
    {
        // ここでは何もしない
    }

    public static function fromString(string date): Date
    {
        object = new Date();

        dateTime = DateTime.createFromFormat( ❶
            Date.FORMAT,
            date
        );

        object.date = dateTime;

        return object;
    }
}

date = Date.fromString('1/4/2019');
```

❶　`createFromFormat()`が`false`を返さないことを確認する必要が依然としてある。

　クライアントが名前付きコンストラクタを回避して、オブジェクトが無効または不完全な状態にならないように、通常のコンストラクタメソッドは`private`にすることが重要です。

> ## ちょっと待ってください、これはうまくいくのでしょうか？
>
> このpublic static fromString()メソッドで新しいオブジェクトのインスタンスを生成し、そのインスタンスのdateプロパティを操作できることは不思議に思えるかもしれません。結局のところ、このプロパティはprivateですので、これは許されないのではないでしょうか？
>
> メソッドやプロパティのスコープは通常インスタンスベースではなくクラスベースですので、プライベートプロパティはまったく同じクラスから作られたものであればどんなオブジェクトからでも操作できます。この例のfromString()メソッドは同じクラスのメソッドとしてとらえられ、セッタを使わずに直接dateプロパティを操作できます。

3.9.2　いたずらにtoString()やtoInt()などを追加しない

プリミティブ型の値からオブジェクトを作成する名前付きコンストラクタを追加すると、対称性の名の下に、オブジェクトをプリミティブ型の値に戻すことができるメソッドを追加したくなることがあります。たとえば、fromString()コンストラクタがあるので、自動的にtoString()メソッドも提供しようとするといったことです。こういったメソッドは、本当に必要だとわかった場合にのみ追加しましょう。

3.9.3　ドメイン固有の概念の導入

ドメインエキスパートと「販売注文」の概念について話し合うとき、彼らは販売注文を「構築する（construct）」とは言わないでしょう。もしかすると、彼らは販売注文を「作成する（create）」とは言うかもしれませんし、販売注文を「出す（place）」といった、より具体的な用語を使うかもしれません。このような単語を探し、名前付きコンストラクタのメソッド名として使用しましょう。

例3-28　現実には、販売注文は「作成される」ものではなく「出される」もの

```
final class SalesOrder
{
    public static function place(/* ... */): SalesOrder
    {
        // ...
    }
}

salesOrder = SalesOrder.place(/* ... */);
```

3.9.4　必要に応じてプライベートコンストラクタで制約を強制する

　オブジェクトによっては、そのオブジェクトを構築する方法が複数あるため、複数の名前付きコンストラクタを提供する場合があります。たとえば、ある精度の10進数の値が欲しい場合、そのような数を表現する正規化された方法として、正の整数とそのスケールを整数値で表すというものがあります。同時に、クライアントがすでに持っている文字列や浮動小数点数の値を、10進数の値を表すための入力として使いたい場合もあります。プライベートコンストラクタを使用すると、どのような構築方法を選択しても、最終的にオブジェクトが完全で一貫性のある状態になるようにできます。次のリストに例を示します。

例3-29　プライベートコンストラクタによるドメイン不変条件の保護

```
final class DecimalValue
{
    private int value;
    private int scale;

    private function __construct(int value, int scale)
    {
        this.value = value;

        Assertion.greaterOrEqualThan(scale, 0);
        this.scale = scale;
    }

    public static function fromInt(
        int value,
        int scale
    ): DecimalValue {
        return new DecimalValue(value, scale);
    }

    public static function fromFloat(
        float value,
        int scale
    ): DecimalValue {
        return new DecimalValue(
            (int)round(value * pow(10, scale)),
            scale
        );
    }

    public static function fromString(string value): DecimalValue
    {
        result = preg_match('/^(\d+)\.(\d+)/', value, matches);
        if (result == 0) {
            throw new InvalidArgumentException(/* ... */);
        }

        wholeNumber = matches[1];
        decimals = matches[2];
```

```
        valueWithoutDecimalSign = wholeNumber . decimals;

        return new DecimalValue(
            (int)valueWithoutDecimalSign,
            strlen(decimals)
        );
    }
}
```

まとめると、名前付きコンストラクタを使用すると、主に2つの利点があります。

- オブジェクトを作成するための複数の方法を提供できる。
- オブジェクトを作成するためのドメイン固有の用語を使うことができる。

名前付きコンストラクタは、エンティティやバリューオブジェクトを作成する以外にも、カスタム例外をインスタンス化する便利な方法を提供するためにも使用できます。これについては、「5.2 例外に関するルール」で後述します。

練習問題

7. 次のDateクラスは、適切な書式の文字列を渡してもらい、それをDateTimeインスタンスに変換することでインスタンスを生成します。しかし、クライアントがすでにDateTimeインスタンスを持っている場合はどうでしょうか？　一時的にstringに変換するのではなく、クライアントが自分の持っているDateTimeインスタンスを直接Dateオブジェクトに渡すにはどのようにしたら良いでしょうか？

```
final class Date
{
    private DateTime date;

    public function __construct(string date)
    {
        this.date = DateTime.createFromFormat(
            'd/m/Y',
            date
        );
    }
}
```

   a. コンストラクタのdateパラメータからstring型を削除し、クライアントが型エラーを起こさずにDateTimeインスタンスを渡せるようにする。

   b. クラスに、fromString(string date): DateとfromDateTime(DateTime dateTime): Dateという2つの名前付きコンストラクタを追加する。

   c. string date引数を省略可能にし、2つ目の省略可能なDateTime dateTime引数をコンストラクタに追加する。

> d. Dateを継承した新しいクラスを作成し、stringの代わりにDateTimeインスタンスを受け入れるようにコンストラクタをオーバーライドする。

3.10　プロパティフィラーを使用しない

本書のオブジェクト設計ルールをすべて適用すると、オブジェクトに何を渡し、何が内部にとどまり、そしてクライアントがそのオブジェクトを使って何ができるのかを完全に制御できます。このオブジェクトの設計スタイルに完全に反するテクニックが、プロパティフィラー（property filler）メソッドです。これは、次の fromArray() メソッドのようなものです。

例3-30　Positionは fromArray() というプロパティフィラーを持つ

```
final class Position
{
    private int x;
    private int y;

    public static function fromArray(array data): Position
    {
        position = new Position();
        position.x = data['x'];
        position.y = data['y'];
        return position;
    }
}
```

この種のメソッドは、そのうちリフレクションを使用して、data配列から対応するプロパティに値をコピーするような汎用ユーティリティになることもあります。便利そうに見えるかもしれませんが、オブジェクトの内部が公開されてしまうので、オブジェクトの構築は常にオブジェクト自身によって完全に制御される方法で行われるようにしましょう。

 本章の最後に、このルールの例外について見ていきます。**データ転送オブジェクト**の場合、プロパティフィラーは、たとえばフォームデータをオブジェクトにマッピングする方法となりえます。このようなオブジェクトは、エンティティやバリューオブジェクトのように内部データを保護する必要はありません。

3.11　オブジェクトに不要なものは持たない

　オブジェクトの設計を始めるとき、まずそのオブジェクトに何を持たせるかと考えることから始めることはよくあります。その結果、サービスの場合、必要以上の依存関係を注入してしまう可能性があります。したがって、依存関係は必要なときだけ注入するようにしましょう。ほかの種類のオブジェクトにも同じことが言えます。オブジェクトの振る舞いを実装するために本当に必要なもの以上のデータを要求しないようにしましょう。

　必要以上のデータを持ち運ぶことになりがちなオブジェクトのひとつに、アプリケーションのどこかで何かが起こったことを表すイベントオブジェクトがあります。このようなイベントの例として、次の ProductCreated クラスがあります。

例3-31　ProductCreated クラスはイベントを表す

```
final class ProductCreated
{
    public function __construct(
        ProductId productId,
        Description description,
        StockValuation stockValuation,
        Timestamp createdAt,
        UserId createdBy,
        /* ... */
    ) {
        // ...
    }
}

this.recordThat(         ❶
    new ProductCreated(
        /* ... */ ❷
    )
);
```

❶　Product エンティティの内部
❷　プロダクトを作成するときに利用可能だったすべてのデータを渡す。

　イベントリスナがまだ実装されておらず、どのイベントデータが重要なのかがわからない場合は、何も追加しないようにしましょう。引数がまったくないコンストラクタを追加し、データが必要になったときに追加すればよいのです。こうすることで、必要なときに必要な分だけデータを提供できます。

　実際にオブジェクトのコンストラクタに入れるべきデータを知るにはどうしたらよいでしょうか？　テスト駆動でオブジェクトを設計することです。つまり、オブジェクトがどのように使用されるかをまず知る必要があります。

3.12　コンストラクタをテストしない

オブジェクトのテストを書き、望ましい振る舞いを指定することで、オブジェクト構築時にどのデータが実際に必要で、どのデータは後で受け取れば良いのかを把握できます。また、どのデータを後で公開する必要があるのか、そしてどのデータはオブジェクトの実装として内部にとどめておくことができるのか、ということも把握できます。

例として、先ほど見た Coordinates クラスについてもう一度見てみましょう。

例3-32　Coordinates のコンストラクタ

```
final class Coordinates
{
    // ...

    public function __construct(float latitude, float longitude)
    {
        if (latitude > 90 || latitude < -90) {
            throw new InvalidArgumentException(
                'Latitude should be between -90 and 90'
            );
        }
        this.latitude = latitude;

        if (longitude > 180 || longitude < -180) {
            throw new InvalidArgumentException(
                'Longitude should be between -180 and 180'
            );
        }
        this.longitude = longitude;
    }
}
```

コンストラクタが動作することをどのようにテストすればよいのでしょうか？ 次のようなテストはどうでしょうか？

例3-33　Coordinates のコンストラクタをテストするための最初の試み

```
public function it_can_be_constructed(): void
{
    coordinates = new Coordinates(60.0, 100.0);

    assertIsInstanceOf(Coordinates.className, coordinates);
}
```

これではあまり参考になりません。実際、コンストラクタが例外を投げない限り、アサーションが失敗することはあり得ません。ここでは例外が投げられるかをテストしているわけではありません。

コンストラクタのタスクは何でしょうか？ コードから判断すると、与えられたコンストラクタ引数をオブジェクト内部のプロパティに代入することです。では、これがうまくいったかどうかを確

認するにはどうしたらよいでしょうか？ 次のようにゲッタを追加すれば、オブジェクトのプロパティの中身を確認できます。

例3-34　Coordinatesコンストラクタをテストするための追加のゲッタ

```
final class Coordinates
{
    // ...

    public function latitude(): float
    {
        return this.latitude;
    }
    public function longitude(): float
    {
        return this.longitude;
    }
}
```

次のリストでは、これらのゲッタをユニットテストの中でどのように使用するかを示しています。

例3-35　新しいゲッタをユニットテストで使用する

```
public function it_can_be_constructed(): void
{
    coordinates = new Coordinates(60.0, 100.0);

    assertEquals(60.0, coordinates.latitude());
    assertEquals(100.0, coordinates.longitude());
}
```

しかし、ここではコンストラクタをテストするというだけの理由で、内部データをオブジェクトから取り出す方法を導入しています。

ここでやったことを振り返ってみましょう。コンストラクタのコードを書いた後、それをテストしています。コードがどうなっているかを知っている状態でテストを書いています。つまり、このテストはクラスの実装に非常に近いものなのです。そのデータが将来必要になるかどうかもわからないまま、オブジェクトにデータを追加しました。結論として、私たちはオブジェクトの実装から健全な距離を置くことなく、あまりに早く、あまりに多くのことをやってしまったのです。

この時点で私たちができること、そしてすべきことは、コンストラクタが無効な引数を受け取らないことをテストすることだけです。これについてはすでに議論してきました。緯度と経度に許容範囲外の値を与えると例外が発生し、Coordinatesオブジェクトを構築できないことを確認するべきです。

この先、データの公開についてさらに詳しく説明しますが、今のところのアドバイスは次のようになります。

- コンストラクタのテストは、失敗するべきケースのみにする。
- コンストラクタ引数としてデータを渡すのは、オブジェクトの実際の振る舞いを実装するために必要なときだけにする。
- 内部データを公開するためのゲッタを追加するのは、そのデータがテスト以外のクライアントによって必要とされる場合のみとする。

オブジェクトに実際の振る舞いを追加し始めると、コンストラクタのハッピーパスを暗黙のうちにテストすることになります。なぜなら、振る舞いをテストするには完全にインスタンス化されたオブジェクトが必要だからです。

練習問題

8. 次のProductエンティティのコードのどこが問題でしょうか?

```
final class Product
{
    private int id;
    private string name;

    public function __construct(int id, string name)
    {
        this.id = id;
        this.name = name;
    }

    public function id(): int
    {
        return this.id;
    }

    public function name(): string
    {
        return this.name;
    }
}

public function it_can_be_constructed(): void ❶
{
    product = new Product(1, 'Some name');

    assertEquals(1, product.id());
    assertEquals('Some name', product.name());
}
```

❶　これはProductクラスの唯一のテスト。

a. ゲッタをもっていること。

b. ゲッタがコンストラクタをテストするためだけにあるように見えること。

c. プロパティがnullableではないこと。

3.13 ルールの例外：データ転送オブジェクト

本章で説明したルールは、エンティティやバリューオブジェクトに適用されます。私たちは、このようなオブジェクトの内部のデータの一貫性と妥当性に大いに気を配っています。これらのオブジェクトが正しい振る舞いを保証できるのは、使用するデータも正しい場合のみです。

もうひとつ、これまでのルールがほとんど適用されない、これまで触れてこなかった種類のオブジェクトがあります。それは、アプリケーションの境界の近くにあるオブジェクトで、外界から送られてきたデータを、アプリケーションが扱えるような構造に変換するものです。この処理の性質上、エンティティやバリューオブジェクトとは少し異なる振る舞いが要求されます。

この特別な種類のオブジェクトは、**データ転送オブジェクト**（DTO）として知られています。

- DTOは通常のコンストラクタを使用して作成する。
- DTOのプロパティは1つずつ設定できる。
- DTOのすべてのプロパティは公開される。
- DTOのプロパティにはプリミティブ型の値のみが含まれる。
- DTOのプロパティには必要に応じてほかのDTOやDTOの単純な配列を含めることもできる。

3.13.1 パブリックプロパティを使う

DTOはその状態を保護せず、すべてのプロパティを公開するため、ゲッタとセッタは必要ありません。つまり、publicプロパティを使用すれば十分です。DTOは段階的に構築でき、提供する必要のある最低限のデータといったものがないため、コンストラクタメソッドは必要ありません。

DTOはしばしばコマンドオブジェクトとして使用され、ユーザーの意図にマッチし、その希望をかなえるために必要なすべてのデータを含んでいます。このようなコマンドオブジェクトの例として、次のScheduleMeetupコマンドがあります。これは、指定された日付に指定されたタイトルのミートアップをスケジュールしたいというユーザーの希望を表しています。

例3-36 `ScheduleMeetup` DTO

```
final class ScheduleMeetup
{
    public string title;
    public string date;
}
```

このようなオブジェクトの使い方は、たとえばフォームで送信されたデータをこのオブジェクトに代入し、それをサービスに渡すことで、ユーザーのためにミートアップのスケジュールを作成するといったものです。次のリストにその実装の例を示します。

例3-37　ScheduleMeetup DTOを作成しサービスに渡す

```
final class MeetupController
{
    public function scheduleMeetupAction(Request request): Response
    {
        formData = /* ... */;                    ❶

        scheduleMeetup = new ScheduleMeetup(); ❷
        scheduleMeetup.title = formData['title'];
        scheduleMeetup.date = formData['date'];

        this.scheduleMeetupService.execute(scheduleMeetup);

        // ...
    }
}
```

❶　リクエストボディからフォームデータを抽出する。
❷　このデータを使用して、コマンドオブジェクトを作成する。

　このサービスでは、エンティティオブジェクトとバリューオブジェクトを作成し、最終的にそれらを永続化します。これらのオブジェクトは、インスタンス化されたときに提供されたデータに何か問題があれば、例外を投げます。しかし、このような例外はユーザーフレンドリーではなく、ユーザーがわかる言葉に簡単に翻訳もできません。また、アプリケーションの流れを壊してしまうので、例外を収集して入力エラーのリストとしてユーザーに返すこともできません。

3.13.2　例外を投げるのではなくバリデーションエラーを収集する

　ユーザーがフォームを再送信する前にすべての間違いを一度に修正できるようにするには、そのオブジェクトを処理するサービスに渡す前にコマンドのデータを検証する必要があります。これを行うひとつの方法として、コマンドにvalidate()メソッドを追加し、バリデーションエラーの一覧を返すというものがあります。リストが空の場合は、送信されたデータが有効であることを意味します。

例3-38　ScheduleMeetup DTOの検証

```
final class ScheduleMeetup
{
    public string title;
    public string date;

    public function validate(): array
    {
        errors = [];

        if (this.title == '') {
            errors['title'][] = 'validation.empty_title';
        }

        if (this.date == '') {
```

```
            errors['date'][] = 'validation.empty_date';
        }
        DateTime.createFromFormat('d/m/Y', this.date);
        errors = DateTime.getLastErrors();
        if (errors['error_count'] > 0) {
            errors['date'][] = 'validation.invalid_date_format';
        }
        return errors;
    }
}
```

　フォームやバリデーションのためのライブラリによって、検証のためのより便利で再利用可能な
ツールが提供されている場合もあるでしょう。たとえば、Symfonyのフォームとバリデータのコン
ポーネントはこの種のデータ転送オブジェクトにとてもうまく機能します。

3.13.3　必要であればプロパティフィラーを使用する

　先ほど、プロパティフィラーについて説明し、ほとんどのオブジェクトにおいてはプロパティ
フィラーを使うべきではないと言いました。なぜなら、プロパティフィラーを使うと、オブジェク
トの内部をすべて公開することになるからです。DTOの場合、その内部を保護しないので、これは
問題ではありません。したがって、フォームデータやJSONリクエストデータをコマンドオブジェ
クトに直接コピーする場合などの役に立つ場面であれば、プロパティフィラーメソッドをDTOに
追加できます。プロパティを満たすことはDTOで最初に行うべきことですので、プロパティフィ
ラーを名前付きコンストラクタとして実装するのは理にかなっています。

例3-39　プロパティフィラーを持つ`ScheduleMeetup` DTO
```
final class ScheduleMeetup
{
    public string title;
    public string date;

    public static function fromFormData(
        array formData
    ): ScheduleMeetup {
        scheduleMeetup = new ScheduleMeetup();

        scheduleMeetup.title = formData['title'];
        scheduleMeetup.date = formData['date'];

        return scheduleMeetup;
    }
}
```

> **練習問題**
>
> 9. バリデーションエラーのリストをユーザーに提供したい場合、どのようなオブジェクトが必要でしょうか?
>   a. エンティティ
>   b. DTO
>
> 10. 提供されたデータが不正確な場合、どのようなオブジェクトが例外を投げるでしょうか?
>   a. エンティティ
>   b. DTO
>
> 11. 公開するデータを制限するのはどのようなオブジェクトでしょうか?
>   a. エンティティ
>   b. DTO

3.14　まとめ

- サービスオブジェクトでないオブジェクトは、依存関係ではなく、値またはバリューオブジェクトを受け取ります。オブジェクトの構築時には、一貫した振る舞いをするために最低限必要なデータを提供してもらう必要があります。提供されたコンストラクタ引数のいずれかが何らかの形で無効な場合、コンストラクタはそれに関する例外を投げる必要があります。

- プリミティブ型の引数を(バリュー)オブジェクトでラップすると便利です。そうすることで、これらの値に対する検証ルールを簡単に再利用できます。また、値の型(クラス)にドメイン固有の名前をつけることで、コードに意味を持たせることができます。

- サービス以外のオブジェクトの場合は、コンストラクタはスタティックメソッドにする必要があります。これは**名前付きコンストラクタ**としても知られ、これを使うことでコード中にドメイン固有の名前を導入する機会が得られます。

- そのオブジェクトがユニットテストで指定されたとおりに振る舞うために必要なもの以上のデータをコンストラクタに渡さないようにしましょう。

- これらのルールのほとんどが適用されないオブジェクトのひとつに、**データ転送オブジェクト**(DTO)があります。DTOは外の世界から提供されたデータを運ぶために使われ、その内部のすべてを公開します。

3.15 練習問題の解答

1. 正解：aとd。Moneyはサービスではないので、コンストラクタ引数として依存関係が注入される
   べきではありません。また、この例からは、コンストラクタがデフォルト引数を持つかどうかはわか
   りません。

2. 模範解答

```
final class PriceRange
{
    public function __construct(int minimumPrice, int maximumPrice)
    {
        if (minimumPrice < 0) {
            throw new InvalidArgumentException(
                'minimumPrice should be 0 or more'
            );
        }
        if (maximumPrice < 0) {
            throw new InvalidArgumentException(
                'maximumPrice should be 0 or more'
            );
        }
        if (minimumPrice > maximumPrice) {
            throw new InvalidArgumentException(
                'maximumPrice should be greater than minimumPrice'
            );
        }

        this.minimumPrice = miminumPrice;
        this.maximumPrice = maximumPrice;
    }
}
```

3. 模範解答

```
final class CountryCode
{
    private static knownCountryCodes = ['NL', 'GB'];

    private string countryCode;

    public function __construct(string countryCode)
    {
        if (!in_array(
            countryCode,
            CountryCode.knownCountryCodes)
        ) {
            throw new InvalidArgumentException(
                'Unknown country code: ' . countryCode
            );
        }
```

```
            this.countryCode = countryCode;
        }
    }
```

4. 模範解答

```
final class Distance
{
    private int distance;
    private string unit;

    public function __construct(int distance, string unit)
    {
        if (distance <= 0) {
            throw new InvalidArgumentException(
                'distance should be greater than 0'
            );
        }
        this.distance = distance;

        if (!in_array(unit, ['meters', 'feet'])) {
            throw new InvalidArgumentException(
                'Unknown unit: ' unit
            );
        }
        this.unit = unit;
    }
}

final class Run
{
    public function __construct(Distance distance)
    {
        // ...
    }
}
```

5. 模範解答

```
final class PriceRange
{
    public function __construct(int minimumPrice, int maximumPrice)
    {
        Assertion.greaterThanOrEqual(minimumPrice, 0);
        Assertion.greaterThanOrEqual(maximumPrice, 0);
        Assertion.greaterThan(maximumPrice, minimumPrice);

        this.minimumPrice = mininumPrice;
        this.maximumPrice = maximumPrice;
    }
}
```

6. 正解：c。User はサービスではなくエンティティですので、コンストラクタ引数を使って依存関係を注入したり、セッタメソッドを使うべきではありません。また、依存関係を自ら取得するべきでもありません。その代わりに、タスクを実行するために必要な依存関係は、メソッド引数として提供される必要があります。

7. 正解：b。ほかの選択肢、つまり、型を削除する、そのうちのひとつしか使われない引数を複数追加する、所有していないクラスから拡張して振る舞いを追加する、といったものはたいてい悪い設計につながります。

8. 正解：b。ゲッタ自体は禁止されていませんし、プロパティが null であっても問題ありません。テストのためだけにゲッタを追加しないというのがルールです。

9. 正解：b。クライアントが無効なデータを渡したとエンティティが認識すると、すぐに例外を投げます。これでは、データを分析し、バリデーションエラーのリストを作成する余地はありません。

10. 正解：a。DTO は、期待される型を持っている限り、提供されたどのようなデータでも受け付けます。エンティティは、無効なデータを1つでも受け取るとすぐに例外を投げます。

11. 正解：a。DTO はデフォルトでそのデータをすべて公開します。エンティティは通常、その内部データのほとんどを保護します。

4章
オブジェクトの操作

本章の内容
- ミュータブルオブジェクトとイミュータブルオブジェクトの区別
- モディファイアメソッドによる状態の変更や変更されたコピーの作成
- オブジェクトの比較
- 無効な状態への変更に対する保護
- イベントを使ったミュータブルオブジェクトへの変更の追跡

　これまでの章で学んだように、サービスはイミュータブルとなるように設計する必要があります。つまり、一度作成されたサービスオブジェクトは二度と変更できないということです。こうすることの最大の利点は、その振る舞いが予測可能であること、そして同じタスクであれば異なる入力に対しても再利用できることです。

　サービスはイミュータブルオブジェクトであるべきだということはわかりましたが、ほかのタイプのオブジェクト、つまり、エンティティ、バリューオブジェクト、データ転送オブジェクトについてはどうでしょうか?

4.1　エンティティ:変更を追跡し、イベントを記録する識別可能なオブジェクト

　エンティティは、アプリケーションの中核となるオブジェクトです。予約、注文、請求書、製品、顧客など、ビジネスドメインの重要な概念を表します。エンティティは開発者がそのビジネスドメインについて得た知識のモデルです。エンティティは、そのモデルに関連するデータを保持します。加えて、そのデータを操作する方法を提供し、そのデータに基づいた有用な情報を公開する

場合もあります。エンティティの例として、次のSalesInvoiceクラスがあります。

例4-1　SalesInvoiceエンティティ

```
final class SalesInvoice
{
    /**
     * @var Line[]
     */
    private array lines = [];

    private bool finalized = false;

    public static function create(/* ... */): SalesInvoice ❶
    {
        // ...
    }

    public function addLine(/* ... */): void                ❷
    {
        if (this.finalized) {
            throw new RuntimeException(/* ... */);
        }

        this.lines[] = Line.create(/* ... */);
    }

    public function finalize(): void                        ❸
    {
        this.finalized = true;
        // ...
    }

    public function totalNetAmount(): Money                 ❹
    {
        // ...
    }

    public function totalAmountIncludingTaxes(): Money
    {
        // ...
    }
}
```

❶　請求書を作成できる。
❷　行を追加するなど、状態を操作できる。
❸　請求書を確定できる。
❹　自分自身に関する有用な情報を公開する。

　エンティティは時間の経過とともに変化しますが、変化するのは常に同じオブジェクトであるべきです。そのため、エンティティは識別可能である必要があります。エンティティを作成するときに、識別子を与えます。

例4-2　`SalesInvoice`は作成時に識別子を受け取る

```
final class SalesInvoice
{
    private SalesInvoiceId salesInvoiceId;

    public static function create(
        SalesInvoiceId salesInvoiceId
    ): SalesInvoice {
        object = new SalesInvoice();

        object.salesInvoiceId = salesInvoiceId;

        return object;
    }
}
```

この識別子は、エンティティのリポジトリでオブジェクトを保存するために使用できます。のちほど、同じ識別子を使ってリポジトリからオブジェクトを取得し、再び修正できます。

例4-3　識別子を使用して、以前に作成したエンティティを変更する

```
salesInvoiceId = this.salesInvoiceRepository.nextIdentity();      ❶
salesInvoice = SalesInvoice.create(salesInvoiceId);
this.salesInvoiceRepository.save(salesInvoice);

salesInvoice = this.salesInvoiceRepository.getBy(salesInvoiceId); ❷
salesInvoice.addLine(/* ... */);
this.salesInvoiceRepository.save(salesInvoice);
```

❶　まず`SalesInvoice`を作成し、保存する。
❷　その後、再度取得し、さらに変更を加える。

エンティティの状態が時間とともに変化することを考えると、エンティティはミュータブルオブジェクトです。エンティティの実装には、特有のルールがあります。

- エンティティの状態を変更するメソッドの戻り値は`void`で、メソッド名は命令形でなければなりません（例：`addLine()`、`finalize()`）。
- これらのメソッドは、エンティティが無効な状態になることを防がなければなりません（たとえば`addLine()`は、請求書がまだ確定していないことをチェックする）。
- エンティティのすべての内部情報は、何が起こっているかをテストすると言う理由で公開すべきではありません。その代わり、エンティティは変更履歴を残し、それを公開することで、ほかのオブジェクトがそのエンティティで何が変更され、なぜ変更されたのかを知ることができます。

次のリストは、`SalesInvoice`が内部ドメインイベントを記録することで変更ログを保持し、`recordedEvents()`を呼び出すことで外部からそのログを取得できるようにしている様子を示しています。

例4-4　SalesInvoiceエンティティは内部変更ログを保持する

```
final class SalesInvoice
{
    /**
     * @var object[]
     */
    private array events = [];
    private bool finalized = false;

    public function finalize(): void
    {
        this.finalized = true;

        this.events[] = new SalesInvoiceFinalized(/* ... */);
    }

    /**
     * @return object[]
     */
    public function recordedEvents(): array
    {
        return this.events;
    }
}

salesInvoice = SalesInvoice.create(/* ... */);                    ❶
salesInvoice.finalize();

assertEquals(
    [
        new SalesInvoiceFinalized(/* ... */)
    ],
    salesInvoice.recordedEvents()
);

salesInvoice = this.salesInvoiceRepository.getBy(salesInvoiceId); ❷
salesInvoice.finalize(/* ... */);
this.salesInvoiceRepository.save(salesInvoice);

this.eventDispatcher.dispatchAll(
    salesInvoice.recordedEvents()
);
```

❶　テストシナリオ。
❷　サービスでは、内部で記録されたイベントに対して、イベントリスナが応答するようにもできる。

4.2　バリューオブジェクト：置き換え可能、匿名、イミュータブルな値

　バリューオブジェクトはまったく異なるものです。多くの場合、1つか2つだけのプロパティを持つ、より小さなオブジェクトです。バリューオブジェクトもドメインの概念を表す場合もありますが、その場合は、エンティティの一部または一側面を表します。たとえば、SalesInvoiceエンティティでは、請求書のID、請求書が作成された日付、各行の商品のIDと数量を表すバリューオブジェクトが必要です。次のリストは、関連するバリューオブジェクトクラスの概要を示しています。

例4-5　SalesInvoiceエンティティで使用されるバリューオブジェクト

```
final class SalesInvoiceId
{
    // ...
}

final class Date
{
    // ...
}

final class Quantity
{
    // ...
}

final class ProductId
{
    // ...
}

final class SalesInvoice
{
    public static function create(
        SalesInvoiceId salesInvoiceId,
        Date invoiceDate
    ): SalesInvoice {
        // ...
    }

    public function addLine(
        ProductId productId,
        Quantity quantity
    ): void {
        this.lines[] = Line.create(
            productId,
            quantity
        );
    }
}
```

　前章で見たように、バリューオブジェクトは1つ以上のプリミティブ型の値をラップしており、それらの値をコンストラクタに与えることで作成できます。

```
final class Quantity
{
    public static function fromInt(
        int quantity,
        int scale
    ): Quantity {
        // ...
    }
}

final class ProductId
{
    public static function fromInt(int productId): ProductId
    {
        // ...
    }
}
```

　バリューオブジェクトは識別できる必要はありません。バリューオブジェクトに起こる変化を追跡する必要はないため、実際にどのインスタンスを使っているかを気にする必要はありません。実際、バリューオブジェクトはまったく変更すべきではありません。もし、そのオブジェクトをほかの値に変換したければ、新しいコピーを作成し、それが変更後の値を表すようにすべきです。たとえば2つの量（quantity）を加算する場合、元のQuantityの内部の値を変更するのではなく、合計値を表す新しいQuantityオブジェクトを返すべきです。

例4-6　add()はQuantityの新しいコピーを返す

```
final class Quantity
{
    private int quantity;
    private int scale;

    private function __construct(
        int quantity,
        int scale
    ) {
        this.quantity = quantity;
        this.scale = scale;
    }

    public static function fromInt(
        int quantity,
        int scale
    ): Quantity {
        return new Quantity(quantity, scale);
    }

    public function add(Quantity other): Quantity
```

```
        {
            Assertion.same(this.scale, other.scale);

            return new Quantity(
                this.quantity + other.quantity,
                this.scale
            );
        }
    }
    originalQuantity = Quantity.fromInt(1500, 2);              ❶
    newQuantity = originalQuantity.add(Quantity.fromInt(500, 2)); ❷
```

❶　量が1500でスケールが2は15.00を表す。
❷　修正された数量は、15.00 + 5.00 = 20.00を表す。

　既存のオブジェクトを変更する代わりに新しいコピーを返すことで、Quantityバリューオブジェクトを事実上イミュータブルにしています。一度作成したら、変更されることはありません。

　バリューオブジェクトは、ドメインの概念を表すだけではありません。アプリケーションのどこにでも現れます。バリューオブジェクトは、プリミティブ型の値をラップしたあらゆるイミュータブルオブジェクトです。

4.3　データ転送オブジェクト：設計ルールの少ないシンプルなオブジェクト

　プリミティブ型の値をラップするもうひとつの種類のオブジェクトは、前章で説明した**データ転送オブジェクト（DTO）**です。DTOをイミュータブルオブジェクトとして実装することを好む人もいますが、そこまでやってしまうと、しばしばDTOに求められるほかの特性の妨げになることがあります。たとえば、ユーザーから送信されたデータに基づいて、プロパティを1つずつ埋めていきたい場合があるでしょう。また、DTOは特段振る舞いをもたないため（データを保持するだけ）、保守やユニットテストを不要にするために、あまり多くのメソッド（ゲッタやセッタなど）を持ちたくないと思うでしょう。そうして最終的には、publicプロパティを使うことになるでしょう。あなたが使うプログラミング言語に読み取り専用、もしくは一度だけ書き込み可能と指定する方法がある場合（たとえば、Javaにはこれを実現するfinalキーワードがあります）、DTOにそれを使用するのが賢明でしょう。

　次のリストは、DTOクラスであるCreateSalesInvoiceの例で、このクラスはDTOクラスであるLineのインスタンスも保持しています。

例4-7　パブリックフィールドを持つDTOクラス

```
final class CreateSalesInvoice
{
    /**
```

```
     * @final
     */
    public string date;

    /**
     * @var Line[]
     * @final
     */
    public array lines = [];
}
final class Line
{
    /**
     * @final
     */
    public int productId;

    /**
     * @final
     */
    public int quantity;
}
```

データ転送オブジェクトの設計ルールは、エンティティやバリューオブジェクトのルールほど強くはありません。エンティティやバリューオブジェクトは、設計品質とデータの整合性が、データ転送オブジェクトよりも重要です。このため、本章の設計ルールは、エンティティおよびバリューオブジェクトに適用されます。

練習問題

1.　次のクラスは、どのような種類のオブジェクトを表していますか？

```
final class UserId
{
    private int userId;

    private function __construct(int userId)
    {
        this.userId = userId;
    }

    public static function fromInt(int userId): UserId
    {
        return new UserId(userId);
    }
}
```

a.　エンティティ

b.　バリューオブジェクト

c.　データ転送オブジェクト

2.　次のクラスは、どのような種類のオブジェクトを表していますか？

```
final class User
{
    private UserId userId;
    private Username username;
    private bool isActive;

    private function __construct()
    {
    }
    public static function create(
        UserId userId,
        Username username
    ): User {
        user = new User();

        user.userId = userId;
        user.username = username;

        return user;
    }
    public function deactivate(): void
    {
        this.active = false;
    }
}
```

a.　エンティティ

b.　バリューオブジェクト

c.　データ転送オブジェクト

3.　次のクラスは、どのような種類のオブジェクトを表していますか？

```
final class CreateUser
{
    public string username;
    public string password;
}
```

a.　エンティティ

b.　バリューオブジェクト

c.　データ転送オブジェクト

4.4　イミュータブルオブジェクトを優先する

　エンティティは変更を追跡するように設計されるので、構築後に操作可能であることは有用です。しかし、一般的には、オブジェクトはイミュータブルであることが望ましいです。実際、エンティティ以外のほとんどのオブジェクトは、イミュータブルなバリューオブジェクトとして実装する必要があります。では、なぜオブジェクトはイミュータブルであることが望ましいのか、もう少し詳しく見てみましょう。

　定義からして、オブジェクトというものは作成され、その後さまざまな場所で利用されます。メソッド引数やコンストラクタ引数としてオブジェクトを渡したり、プロパティにオブジェクトを代入したりできます。

```
object = new Foo();
this.someMethod(object);      ❶
this.someProperty = object; ❷
return object;                ❸
```

❶　オブジェクトを渡す。
❷　オブジェクトをプロパティに代入する。
❸　オブジェクトを返す。

　ある呼び出し場所でオブジェクトへの参照を持っていて、別の呼び出し場所でそのオブジェクトの性質を変更した場合、最初の呼び出し場所にとってはかなりの驚きとなるでしょう。そのオブジェクトがまだ有用であることを、どのようにして知ることができるでしょうか？ おそらく最初の呼び出し場所では、オブジェクトの新しい状態に対処する方法がわからないでしょう。

　しかし、同じ呼び出し場所内でも、変更可能性に関連する問題が発生することがあります。次のリストを見てください。

例4-8　Appointmentクラスには変更可能性の問題がある

```
final class Appointment
{
    private DateTime time;

    public function __construct(DateTime time)
    {
        this.time = time;
    }

    public function time(): string
    {
        return this.time.format('h:s');
    }

    public function reminderTime(): string
    {
```

```
        oneHourBefore = '-1 hour';

        reminderTime = this.time.modify(oneHourBefore);  ❶

        return reminderTime.format('h:s');
    }
}

appointment = new Appointment(new DateTime('12:00'));

time = appointment.time();                               ❷

reminderTime = appointment.reminderTime();               ❸

time = appointment.time();                               ❹
```

❶ これは time プロパティに保存されているオブジェクトを変更する。
❷ まず予定の時刻を取得する。これは '12:00' を返す。
❸ 次にリマインダーを送信する時刻を取得する。これは '11:00' を返す。
❹ 最後に、もう一度予定の時刻を取得する。今度は '11:00' が返される。

このようなコードを読む際には、リマインダーの送信時刻を取得した後に、なぜ予定の時刻そのものが変わってしまったのかを理解するのに時間がかかってしまうかもしれません。このような事態を防ぐためには、エンティティ以外のすべてのオブジェクトをイミュータブルに設計することが一般的です。イミュータブルオブジェクトへの参照を保持することは常に安全です。

4.4.1　値を変更するのではなく置き換える

オブジェクトをイミュータブルに設計すると、プリミティブ型の値と類似してきます。次のような例を考えてみましょう。

```
i = 1;
i++;
```

1が2に変化したと考えるでしょうか? そうではありません。i という変数に以前は1が入っていて、今は2が入っていると言うべきでしょう。整数というのは実はイミュータブルなものなのです。使っては捨てますが、常にまた使うことができるのです。また、メソッド引数として渡したり、オブジェクトのプロパティにコピーしたりしても、危険とはみなされません。整数が必要になるたびに、無限にある整数の中から新しい整数を作ります。コンピュータのメモリには、すべての整数のインスタンスを1つずつ保持するような共有の場所はありません。

同じことが、イミュータブルな値として実装されたオブジェクトにも当てはまります。もはや共有しているという感覚はなくなります。また、異なるオブジェクトが必要な場合は、オブジェクトを修正するのではなく、新しいオブジェクトを作成します。つまり、イミュータブルオブジェクトが変数やプロパティの中にあって、それについて何かを変更したい場合は、新しいオブジェクトを作成して変数やプロパティに格納するのです。

　例として、Yearをイミュータブルオブジェクトとして実装し、整数をラップして、次の年を表す新しいYearインスタンスを返す便利なメソッドを提供するとしましょう。

例4-9　Yearクラス

```
final class Year
{
    private int year;

    public function __construct(int year)
    {
        this.year = year;
    }

    public function next(): Year
    {
        return new Year(this.year + 1);
    }
}

year = new Year(2019);

year.next();            ❶
assertEquals(new Year(2019), year);

year = year.next(); ❷
assertEquals(new Year(2020), year);
```

❶　next()は実際にはyearを変更しないので、これは何の影響もない。
❷　代わりに、next()の戻り値を取得する必要がある。

　Yearインスタンスをミュータブルオブジェクトのプロパティに保持しておき、次の年に進めたい場合は、単にnext()を呼び出すだけでなく、その戻り値を現在のYearインスタンスを保持するプロパティに格納する必要があります。

例4-10　値を変更するのではなく置き換える

```
final class Journal
{
    private Year currentYear;

    public function closeTheFinancialYear(): void
    {
        // ...

        this.currentYear = this.currentYear.next();
    }
}
```

オブジェクトをイミュータブルにすべきかどうか決める方法

　オブジェクトがサービスである場合、イミュータブルであるべきなのは明らかです。オブジェクトがエンティティである場合、それは変更できることを期待されているのでミュータブルであるべきです。それ以外の種類のオブジェクトは、前節で述べた理由から、すべてイミュータブルであるべきです。

　実際には、アプリケーションの種類によっては、いくつかのオブジェクトをミュータブルに実装する必要があるかもしれません。たとえば、アプリケーションがインタラクティブなGUIを持っていたり、ゲームであったりする場合です。もしフレームワークがあなたにルールを手放すことを強いるなら、時にはそうしなければなりません（そして時にはフレームワークの方を手放さなければならないこともあります）。ただ、デフォルトの選択肢としては、オブジェクトをイミュータブルにするべきです。

練習問題

4. 次のColorPaletteクラスは、一度作成したら決して変更されないはずのイミュータブルオブジェクトを表しています。しかし、残念ながら、現在の実装ではイミュータブルオブジェクトにはなっていません。何が問題でしょうか？

```
final class ColorPalette
{
    private Collection colors;

    private function __construct()
    {
        this.colors = new Collection();
    }

    public static function startWith(sRGB color): ColorPalette
    {
        palette = new ColorPalette();

        palette.colors.add(color);

        return palette;
    }

    public function withColorAdded(sRGB color): ColorPalette
    {
        copy = clone this;
        copy.colors = clone this.colors;

        copy.colors.add(color);
```

```
        return copy;
    }

    public function colors(): Collection
    {
        return this.colors;
    }
}
```

a. startWith()は内部でColorPaletteインスタンスを変更しており、その結果ミュータブルオブジェクトとなっている。

b. colors()は、ミュータブルなコレクションを返しており、間接的にColorPaletteインスタンスがミュータブルになっている。

c. withColorAdded()が、元のColorPaletteインスタンスを変更している。

4.5　イミュータブルオブジェクトのモディファイアメソッドでは変更されたコピーを返す

　不変性についての知見に基づくと、イミュータブルオブジェクトは変更をするとみなされるメソッド（モディファイアメソッド）を持っても良いですが、それらはメソッドを呼び出したオブジェクトの状態を変更しないようにしましょう。その代わり、そのようなメソッドでは意図にあった状態のオブジェクトのコピーを返しましょう。メソッドの戻り値の型は、前の例のnext()メソッドの戻り値の型がYearであったように、そのオブジェクトのクラスそのものであるべきです。

　こういったメソッドには、2つの基本的なテンプレートがあります。ひとつは、次のリストのplus()メソッドのように、オブジェクトの（プライベートの場合もある）コンストラクタを使用して、必要なコピーを作成するものです。

例4-11　plus()は、既存のコンストラクタを使用して新しいコピーを返す

```
final class Integer
{
    private int integer;

    public function __construct(int integer)
    {
        this.integer = integer;
    }

    public function plus(Integer other): Integer
    {
        return new Integer(this.integer + other.integer);
    }
}
```

Integerにはint値を受け取るコンストラクタがすでにあるので、既存の整数を加算してできた
int値をIntegerのコンストラクタに渡せばよいのです。

　複数のプロパティを持つイミュータブルオブジェクトに対して有効な別の方法もあります。それ
は、clone演算子を使用してオブジェクトのコピーを作成し、それに必要な変更を加えるというも
のです。次のリストのwithX()メソッドがこれを行います。

例4-12　withX()はclone演算子を使用してコピーを作成する

```
final class Position
{
    private int x;
    private int y;

    public function __construct(int x, int y)
    {
        this.x = x;
        this.y = y;
    }

    public function withX(int x): Position
    {
        copy = clone this;

        copy.x = x;

        return copy;
    }
}

position = new Position(10, 20);

nextPosition = position.withX(6); ❶
assertEquals(new Position(6, 20), nextPosition);
```

　❶　次の位置は4歩左である(6, 20)になる。

　この例では、withX()は従来のセッタメソッドに似ていて、クライアントが1つのプロパティの
値を置き換えることができるようになっています。この方法では、新しく設定する値の計算をクラ
イアントに強いています。たいていの場合、これよりも良い選択肢があります。モディファイアメ
ソッドをもう少し賢いものにする方法を探したり、少なくとも技術的な名前ではなくドメインに関
連した名前を付けるようにしましょう。クライアントがどのようにこれらのメソッドを使うかを確
かめることで、より良い選択肢への有用な手がかりが見つかるかもしれません。

　たとえば、以下はwithX()メソッドのクライアントです。

```
nextPosition = position.withX(position.x() - 4); ❶
```

　❶　4歩左に移動する。

Positionはxに新しい値を設定するモディファイアメソッドしか持っていないので、このクラ

イアントはどういった値を渡すか、自分自身で計算しなければなりません。しかし、このクライアントはxを変更する方法を探しているのではなく、4歩左に移動したら次の位置がどうなるかを知る方法を必要としているのです。

　クライアントに計算をさせる代わりに、Positionオブジェクトに計算をさせればよいのです。次のリストのtoTheLeft()のような、より便利なモディファイアメソッドを提供すればよいのです。

例4-13　withX()よりも便利なtoTheLeft()

```
final class Position
{
    // ...

    public function toTheLeft(int steps): Position
    {
        copy = clone this;

        copy.x = copy.x - steps;

        return copy;
    }
}

position = new Position(10, 20);

nextPosition = position.toTheLeft(4);            ❶
assertEquals(new Position(6, 20), nextPosition);

assertEquals(new Position(10, 20), position); ❷
```

❶　次の位置は(6, 20)になる。
❷　元のオブジェクトは変更されていないはず。

練習問題

5.　次のDiscountPercentageとMoneyバリューオブジェクトクラスを見てください。

```
final class DiscountPercentage
{
    private int percentage;
    public static function fromInt(int percentage)
    {
        discount = new DiscountPercentage();

        discount.percentage = percentage;
        return discount;

    }

    public function percentage(): int
    {
```

```
            return this.percentage;
    }
}
final class Money
{
    private int amountInCents;

    public static function fromInt(int amountInCents)
    {
        money = new Money();

        money.amountInCents = amountInCents;

        return money;
    }

    public function amountInCents(): int
    {
        return this.amountInCents;
    }
}
```

次のように、MoneyとDiscountPercentageを使って割り引き価格を計算できます。

```
originalPrice = Money.fromInt(2000);                    ❶

discountPercentage = DiscountPercentage.fromInt(10);  ❷

discount = (int)round(
    discountPercentage.percentage() / 100)              ❸
      * originalPrice.amountInCents()
);
discountedPrice = Money.fromInt(
    originalPrice.amountInCents() - discount
);
```

❶　20.00ユーロ
❷　10%の割り引き
❸　割り引き額を計算し、元の価格から割り引き額を引く。

この計算をMoneyオブジェクトの外側で行うのではなく、MoneyクラスにwithDiscountApplied()
というモディファイアメソッドを書いて、Moneyクラス自身で計算できるようにしましょう。

4.6 ミュータブルオブジェクトではモディファイアメソッドはコマンドメソッドとする

　ほとんどすべてのオブジェクトがイミュータブルであるべきとはいえ、そうでないオブジェクト、すなわちエンティティが通常は存在します。本章の冒頭で見たように、エンティティはそれを操作するためのメソッドを持っています。

　ほかの例として、Playerクラスを見てみましょう。このクラスはXとYの値としてエンコードされた現在位置を持ちます。これはミュータブルオブジェクトです。moveLeft()メソッドを持っており、プレイヤーの位置を更新し（実際には置き換え）ます。Positionオブジェクトはイミュータブルですが、Playerオブジェクト自体はミュータブルです。

例4-14　Playerはミュータブル、Positionはイミュータブル

```
final class Player
{
    private Position position;
    public function __construct(Position initialPosition)
    {
        this.position = initialPosition;
    }
    public function moveLeft(int steps): void
    {
        this.position = this.position.toTheLeft(steps);
    }
    public function currentPosition(): Position
    {
        return this.position;
    }
}
```

　moveLeft()の中で代入しているので、このクラスはミュータブルであるとわかります。このメソッドを呼び出すと、positionプロパティは新しい値に更新されます。もうひとつの特徴は、戻り値がvoidであることです。この2つの特徴は、いわゆる**コマンドメソッド**の証しです。

　オブジェクトの状態を変更するメソッドは、常にこのようなコマンドメソッドであるべきです。コマンドメソッドは命令形の名前を持ち、オブジェクトの内部データ構造に変更を加えることが許され、そして何も返しません。

4.7 イミュータブルオブジェクトではモディファイアメソッドは宣言的な名前にする

ミュータブルオブジェクトのモディファイアメソッドは、オブジェクトの状態を変更することが期待されます。これはコマンドメソッドの特徴とよく一致します。イミュータブルオブジェクトのモディファイアメソッドについては、別の取り決めが必要です。

先ほど見たのと同じPositionの実装で、今度はtoTheLeft()がmoveLeft()という名前だと想像してください。

例4-15 toTheLeft()の代わりにmoveLeft()という名前

```
final class Position
{
    // ...

    public function moveLeft(int steps): Position
    {
        // ...
    }
}
```

ミュータブルオブジェクトのモディファイアメソッドはコマンドメソッドであるべきというルールを考えると、このmoveLeft()は紛らわしいです。命令形の名前（moveLeft()）を持っていますが、戻り値型がvoidではありません。実装を見ない限り、このコードの読み手はこのメソッドを呼ぶことでオブジェクトの状態が変化するのかどうかがわかりません。

イミュータブルオブジェクトのモディファイアメソッドに適した名前を作るには、次のようなテンプレートを使うと良いでしょう。「私は…が欲しいが、…となっていてほしい」。Positionの場合にこれを使うと「私はこの位置が欲しいが、n歩左に移動（n steps to the left）していてほしい」となるので、toTheLeft()が適切なメソッド名と言えそうです。

例4-16 toTheLeft()はより適切な名前

```
final class Position
{
    // ...

    public function toTheLeft(int steps): Position
    {
        // ...
    }
}
```

このテンプレートに従うと、「with」という単語を使ったり、いわゆる過去形の分詞形容詞[†1]を

---

†1 　訳注：たとえば"multiplied"のように動詞の過去形をした形容詞のこと。

使うことが多くなるでしょう。たとえば「私はこの量が欲しいが、n倍にしてほしい（multiplied n times）」あるいは「このレスポンスが欲しいが、`Content-Type: text/html`ヘッダを付けてほしい（with a `Content-Type: text/html` header）」などです。これらは宣言的な名前です。何をしてほしいかを指示するものではなく、操作の結果どうなってほしいかを「宣言」しているからです。

　また良い名前を探すときは、技術的な名前ではなく、ドメインに特化した抽象度の高い名前を選ぶようにしましょう。たとえば、`withXDecreasedBy()`の代わりに`toTheLeft()`という名前を選択しましたが、これは抽象度が異なります。

練習問題

6.　あるオブジェクトが次のメソッドが持っています。

```
public setPassword(string plainTextPassword): void
```

このオブジェクトは、ミュータブルとイミュータブルのどちらを想定していますか？
a.　ミュータブル
b.　イミュータブル

7.　あるオブジェクトが次のメソッドを持っています。

```
public withPassword(string plainTextPassword): User
```

このオブジェクトはミュータブルかイミュータブルのどちらを想定していますか？
a.　ミュータブル
b.　イミュータブル

8.　あるオブジェクトが次のメソッドを持っています。

```
withPassword(string plainTextPassword): void
```

このオブジェクトはミュータブルかイミュータブルのどちらを想定していますか？
a.　ミュータブル
b.　イミュータブル

4.8　オブジェクト全体の比較

　ミュータブルオブジェクトでは、次のようなテストを書くことができます。

例4-17 moveLeft()のユニットテスト

```
public function it_can_move_to_the_left(): void
{
    position = new Position(10, 20);
    position.moveLeft(4);
    assertSame(6, position.x());
}
```

　先に述べたように、この種のテストでは通常、クラスに追加のゲッタを追加する必要があります。これらのゲッタはテストを書くときにだけ必要なもので、ほかのクライアントが必要とすることはない場合があります。

　イミュータブルオブジェクトでは、多くの場合、別の種類のアサーションを使うことができます。そのアサーションを使うと、次のようにオブジェクトの内部データや実装の詳細をオブジェクト内にとどめておくことができます。

例4-18 toTheLeft()のユニットテスト

```
public function it_can_move_to_the_left(): void
{
    position = new Position(10, 20);
    nextPosition = position.toTheLeft(4);
    assertEquals(new Position(6, 20), nextPosition);
}
```

　`assertEquals()`は、2つのオブジェクトのプロパティと、それらのプロパティで保持しているオブジェクトの等しさを再帰的にテストします。したがって、`assertEquals()`を使用することで、バリューオブジェクトに公開していないプロパティがあり、2つのオブジェクトを比較できないという事態を避けることができます。

4.9　イミュータブルオブジェクトを比較するときは同一性ではなく同等性を確認する

　次の例は、前の例のPositionクラスが（ミュータブルな）Playerクラスでどのように使用されるかを示しています。

例4-19 Playerクラス

```
final class Player
{
    private Position position;

    public function __construct(Position initialPosition)
    {
        this.position = initialPosition;
    }
```

```
    public function moveLeft(int steps): void
    {
        this.position = this.position.toTheLeft(steps);
    }

    public function currentPosition(): Position
    {
        return this.position;
    }
}
```

moveLeft()のテストは、次のようになります。

例4-20　moveLeft()のユニットテスト

```
function the_player_starts_at_a_position_and_can_move_left(): void
{
    initialPosition = new Position(10, 20);
    player = new Player(initialPosition);

    assertSame(initialPosition, player.currentPosition());        ❶

    player.moveLeft(4);

    assertEquals(new Position(6, 20), player.currentPosition()); ❷

}
```

❶　ここではassertSame()を使っても問題が起きない。Positionオブジェクトは注入したものと同じオブジェクト。
❷　ここでは、assertEquals()を使用する必要がある。

　イミュータブルオブジェクトを比較する場合、それらのオブジェクトたちがメモリ上の同じ場所を参照していることを検証してはいけません。重要なのは、それらが表現しているものの内容です。整数を比較する場合、メモリ上の場所は比較しません。単に「それらの値は等しいか？」と検証するだけです。ですから、オブジェクトを比較する際には常にassertEquals()を使用しなければなりません。

　時には、テストではなく実際の本番コードで2つのオブジェクトを比較したいこともあるでしょう。その場合はassertEquals()は使用できません。どうすればよいかは、使用するプログラミング言語によります。JavaやC#などの言語には、オブジェクトを比較するためのしくみが組み込まれています。これらの言語のオブジェクトは、汎用的なObjectクラスからequals()メソッドを継承しており、それをオーバーライドすることで独自の比較ロジックを実装できます。もしPHPを使用しているのなら、この方法を真似るべきです。次のリストに示すように、両方のオブジェクトに含まれるデータを比較するequals()メソッドをオブジェクトに追加しましょう。

例4-21　equals()は、2つのPositionオブジェクトを比較する際に役立つ

```
final class Position
{
```

```
    // ...
    public function equals(Position other): bool
    {
        return this.x == other.x && this.y == other.y;
    }
  }
```

　しかし、ほとんどのバリューオブジェクトはカスタムのequals()メソッドを必要としません
し、考えなしにすべてのイミュータブルオブジェクトに実装することは絶対にやめましょう。ゲッ
タに対するルールはequals()メソッドにも当てはまり、テスト以外のクライアントがこのメソッ
ドを使用する場合にのみ追加しましょう。また、otherをobject型以外に型付けできるのであれ
ば、そうすべきです。一般に、クライアントはPositionオブジェクトとそれ以外のものを比較し
ようとするべきではありません。

練習問題

9.　ユニットテストで、2つのバリューオブジェクトをどのように比較すればよいでしょうか?
　　a.　ゲッタの戻り値を比較する。
　　b.　assertEquals()のような専用のオブジェクト比較関数を使用する。
　　c.　オブジェクトの参照を比較する (==を使用する)。
　　d.　オブジェクトのequals()メソッドを呼び出す。

10.　本番コードで、2つのバリューオブジェクトをどのように比較すればよいでしょうか?
　　a.　ゲッタの戻り値を比較する。
　　b.　assertEquals()のような専用のオブジェクト比較関数を使用する。
　　c.　オブジェクトの参照を比較する (==を使用する)。
　　d.　オブジェクトのequals()メソッドを呼び出す。

4.10　モディファイアメソッドの呼び出しでは常に有効なオブジェクトを生成する

　以前、オブジェクトの作成について説明したときに、意味をなすデータやドメイン不変条件など
の概念について説明しました。同じ概念がモディファイアメソッドにも適用でき、それはイミュー
タブルオブジェクトのモディファイアメソッドにだけ適用されるわけではありません。このルール
は、ミュータブルオブジェクトにも適用されます。

　モディファイアメソッドは、クライアントが意味をなすデータを提供していることを確認し、ド

メイン不変条件を保護する必要があります。これはコンストラクタと同じ方法で行います。つまり、渡された引数についてアサーションを行うのです。これにより、オブジェクトが無効な状態になってしまうことを防ぐことができます。例として、次のadd()メソッドを見てみましょう。

例4-22　TotalDistanceTraveledは負の距離を受け入れない

```
final class TotalDistanceTraveled
{
    private int totalDistance = 0;

    public function add(int distance): TotalDistanceTraveled
    {
        Assertion.greaterOrEqualThan(
            distance,
            0,
            'You cannot add a negative distance'
        );

        copy = clone this;
        copy.totalDistance += distance;

        return copy;
    }
}

totalDistanceTravelled = new TotalDistanceTraveled();
expectException(
    InvalidArgumentException.className,
    'distance',
    function () use (totalDistanceTravelled) {
        totalDistanceTravelled.add(-10);
    }
);
```

　モディファイアメソッドがcloneを使わず、クラスの元のコンストラクタを使うことで、多くの場合、既存の検証ロジックを再利用できます。実際こう言った理由で、cloneではなく、常にコンストラクタを経由する方が良いでしょう。

　例として、分数（たとえば1/3や2/5）を表すFractionクラスについて考えてみましょう。分数の構造は、[分子（numerator）]/[分母（denominator）]です。どちらも任意の整数ですが、分母は決して0になってはいけません。コンストラクタはすでにこのルールを強制しているので、モディファイアメソッドであるwithDenominator()はコンストラクタへの呼び出しへ転送するだけで、withDenominator()の入力に対してもこのルールが検証されることになります。

例4-23　withDenominator()はコンストラクタの検証ロジックを再利用する

```
final class Fraction
{
    private int numerator;
    private int denominator;
```

```
    public function __construct(int numerator, int denominator)
    {
        Assertion.notEq(
            denominator,
            0,
            'The denominator of a fraction cannot be 0'
        );

        this.numerator = numerator;
        this.denominator = denominator;
    }

    public function withDenominator(newDenominator): Fraction
    {
        return new Fraction(this.numerator, newDenominator); ❶
    }
}

fraction = new Fraction(1, 2);

expectException(
    InvalidArgumentException.className,
    'denominator',
    function () use (fraction) {
        fraction.withDenominator(0);
    }
);
```

❶　呼び出しをコンストラクタへ転送することで、そのアサーションもトリガされる。

練習問題

11.　以下のRangeオブジェクトの実装のどこがおかしいか指摘してください。

```
final class Range
{
    private int minimum;
    private int maximum;

    private function __construct(int minimum, int maximum)
    {
        Assertion.greaterThan(maximum, minimum);

        this.minimum = minimum;
        this.maximum = maximum;
    }

    public static function fromIntegers(
        int minimum,
        int maximum
    ): Range {
        return new Range(minimum, maximum);
    }
```

```
      public function withMinimum(int minimum): Range
      {
          copy = clone this;
          copy.minimum = minimum;

          return copy;
      }
      public function withMaximum(int maximum): Range
      {
          Assertion.greaterThan(maximum, this.minimum);

          copy = clone this;
          copy.maximum = maximum;

          return copy;
      }
  }
```

a. withMinimum()とwithMaximum()は、Rangeオブジェクトの不完全なコピーを作成してしまう。

b. 「最大値は最小値より大きくなければならない」というルールが、すべてのモディファイアメソッドで検証されるわけではない。

4.11　モディファイアメソッドで要求された状態の変化が有効であることを検証する

　オブジェクトに対してモディファイアメソッドを呼び出すことは、しばしばオブジェクトのプロパティが変更されることを意味します。エンティティのようなミュータブルオブジェクトの場合、オブジェクトの状態を変更するということは、実際の**状態遷移**を表すこともあります。この遷移によって、新しい可能性が開かれたり、以前は利用可能だった選択肢が使えなくなることがあります。

　例として、次のようなSalesOrderクラスを考えてみましょう。いったん「配送済み（delivered）」となると、それをキャンセルできなくなります。なぜなら、その状態遷移はビジネス上の観点から意味をなさないからです。逆に、キャンセルされた注文は配送できないはずです。

例4-24　SalesOrderは特定の状態遷移を許可しない

```
final class SalesOrder
{
    // ...

    public function markAsDelivered(Timestamp deliveredAt): void
    {
        /*
         * キャンセルされた注文を配送できてはいけない。
```

```
         */
    }

    public function cancel(Timestamp cancelledAt): void
    {
        /*
         * 配送済みの注文をキャンセルできてはいけない。
         */
    }

    // など
}
```

　すべてのメソッドが、無効な状態遷移を防いでいることを確認しましょう。次のリストのような
ユニットテストで検証する必要があります。

例4-25　配送済みの注文をキャンセルするユニットテスト

```
public function a_delivered_sales_order_can_not_be_cancelled(): void
{
    deliveredSalesOrder = /* ... */;
    deliveredSalesOrder.markAsDelivered(/* ... */);

    expectException(
        LogicException.className,
        'delivered',
        function () use (deliveredSalesOrder) {
            deliveredSalesOrder.cancel();
        }
    );
}
```

　ここで投げる例外は`LogicException`が適切ですが、`CanNotCancelOrder`のような独自の例
外型を導入しても良いでしょう。

　クライアントが同じメソッドを2回呼び出した場合、少し検討が必要です。例外を投げることも
できますが、たいていの場合は大した問題ではないので、その呼び出しを無視すればよいでしょう。

例4-26　`SalesOrder`がすでにキャンセルされていた場合は、そのリクエストを無視する

```
public function cancel()
{
    if (this.status.equals(Status.cancelled())) {
        return;
    }

    // ...
}
```

4.12　内部で記録されたイベントを使用してミュータブルオブジェクトの変更を検証する

　コンストラクタをテストすると、オブジェクトに必要以上のゲッタを追加することになり、入ってきたものがまた出ていくことをテストするだけになることをすでに見てきました。これは、オブジェクトは情報や実装の詳細を隠蔽するためのものであるという考え方とはまったく異なっています。同じことが、モディファイアメソッドのテストにも当てはまります。

　先ほど説明したミュータブルなPlayerオブジェクトのmoveLeft()メソッドをテストする場合、いくつかの選択肢があります。最初の選択肢は、ゲッタを使って、左へ移動した後の現在位置が期待通りの位置であるかどうかを検証するというものです。

例4-27　現在位置が期待したものであるかどうかをテスト

```
public function it_can_move_left(): void
{
    player = new Player(new Position(10, 20));
    player.moveLeft(4);

    assertEquals(new Position(6, 20), player.currentPosition());
}
```

　洗練されてはいませんがもうひとつ別の方法もあります。それは、オブジェクト全体が期待通りの状態かどうかを検証するというものです。

例4-28　Playerオブジェクト全体と期待されるオブジェクトを比較できる

```
public function it_can_move_left(): void
{
    player = new Player(new Position(10, 20));
    player.moveLeft(4);

    assertEquals(new Player(new Position(6, 20)), player);
}
```

　この2番目の選択肢は悪い解決策ではありません。少なくとも、現在の位置を取得するゲッタは必要ないからです。このテストの主な問題は、あまりにも多くの領域をカバーしていることです。このテストを修正することなくPlayerオブジェクトに新しい振る舞いを追加することは簡単ではありません（特に、時間の経過とともにコンストラクタ引数を追加する場合など）。

　別の方法としては、moveLeft()を少し変更して、新しい位置を返すというものがあります。

例4-29　moveLeft()が新しい位置を返す

```
final class Player
{
    public function moveLeft(): Position
    {
```

```
            this.position = this.position.toTheLeft(steps);

            return this.position;
        }
}

player = new Player(new Position(10, 20));
currentPosition = player.moveLeft(4);

assertEquals(new Position(6, 20), currentPosition);
```

　これは巧妙に見えますが、ミュータブルオブジェクトに対するモディファイアメソッドはコマンドメソッドであるべきで、したがって、voidの戻り値の型を持つべきであるというルールに違反しています。そのうえ、このテストはPlayerが期待された位置に移動したことを証明するものではありません。たとえば、次のようなmoveLeft()の実装を考えてみましょう。この実装でも、**例4-29**のテストはパスします。これは正しいPositionを返しますが、Playerのpositionプロパティを変更していません。

例4-30　テストに合格する壊れた実装

```
public function moveLeft(): Position
{
    return this.position.toTheLeft(steps);
}
```

　ミュータブルオブジェクトの変更をテストするためのより良い方法は、オブジェクトの内部でイベントを記録し、後で検査できるようにすることです。これらのイベントは、オブジェクトに起こった変更のログのように動作します。イベントは単純なバリューオブジェクトで、必要な数だけ作成できます。次のリストでは、PlayerクラスがPlayerMovedイベントを記録するように書き換えられ、その記録がrecordedEvents()メソッドを通して公開されています。

例4-31　状態を変化させたときにPlayerはイベントを記録する

```
final class Player
{
    private Position position;

    private array events = [];

    public function __construct(Position initialPosition)
    {
        this.position = initialPosition;
    }

    public function moveLeft(int steps): void
    {
        nextPosition = this.position.toTheLeft(steps);

        this.position = nextPosition;

        this.events[] = new PlayerMoved(nextPosition); ❶
```

```
    }

    public function recordedEvents(): array
    {
        return this.events;
    }
}

player = new Player(new Position(10, 20));              ❷

player.moveLeft(4);                                     ❸

assertEquals(                                           ❹
    [
        new PlayerMoved(new Position(6, 20))
    ],
    player.recordedEvents()
);
```

❶　左に移動した後、イベントを記録する。このイベントは後でPlayerオブジェクトの内部で何が起こったかを
　　知るために使える。
❷　新しいPlayerオブジェクトを作成し、初期位置を設定する。
❸　左に4歩移動する。
❹　記録されたイベントと期待されるイベントのリストを比較し、プレイヤーが移動したことを確認する。

　実際に何かが変わったときだけイベントを記録する、といったおもしろいこともできます。たと
えば、プレイヤーが0歩移動するという操作を許す場合を考えてみましょう。その場合、プレイヤー
は実際には動いていないので、moveLeft()の呼び出しでイベントを作成するには値しないでしょ
う。

例4-32　イベントを記録しないこともできる

```
public function moveLeft(int steps): void
{
    if (steps == 0) {
        return; ❶
    }

    nextPosition = this.position.toTheLeft(steps);

    this.position = nextPosition;

    this.events[] = new PlayerMoved(nextPosition);
}
```

❶　例外は投げず、イベントも記録しない。

　しばらくするとassertEquals([/* ... */], player.recordedEvents())は、既存のテ
ストを失敗させることなくPlayerオブジェクトの実装を変更できるほど柔軟でないことが明らか
になるでしょう。たとえば、プレイヤーが初期位置を取った瞬間を表すイベントをもうひとつ記録
するとどうなるか見てみましょう。

例4-33　Player は PlayerTookInitialPosition イベントも記録する

```
final class PlayerTookInitialPosition
{
    // ...
}

final class Player
{
    private events;

    public function __construct(Position initialPosition)
    {
        this.position = initialPosition;

        this.events[] = new PlayerTookInitialPosition(
            initialPosition
        );
    }
}
```

これは、左に移動するというシナリオの既存のテストを壊すことになります。

例4-34　既存の moveLeft() のテストが失敗するようになる

```
public function it_can_move_left(): void
{
    player = new Player(new Position(10, 20));
    player.moveLeft(4);

    assertEquals( ❶
        [
            new PlayerMoved(new Position(6, 20))
        ],
        player.recordedEvents()
    );
}
```

❶　コンストラクタで PlayerTookInitialPosition イベントが記録され、それが recordedEvents() で返
　　されるため、このアサーションは失敗する。

　このテストをより壊れづらいものにするためにできることのひとつは、記録されたイベントのリ
ストに期待されるイベントが**含まれている**ことをアサートすることです。

例4-35　assertContains() で記録されたイベントを比較する

```
public function it_can_move_left(): void
{
    player = new Player(new Position(10, 20));
    player.moveLeft(4);

    assertContains(
        new PlayerMoved(new Position(6, 20)),
        player.recordedEvents()
    );
}
```

次のリストで、moveLeft() の代わりの実装を見てみましょう。これはイベントを記録しますが、positionプロパティに格納されているプレイヤーの位置を実際には更新していません。**例4-35** のテストは、この明らかに壊れている実装でも成功します。

例4-36　moveLeft()はイベントを記録するだけだがテストは依然として成功する

```
final class Player
{
    //...

    public function moveLeft(int steps): void
    {
        this.events[] = new PlayerMoved(nextPosition);
    }
}
```

実は、この実装はまったく「壊れている」と考えるべきではありません。テストが成功しても、本番のコードが正しくないのであれば、オブジェクトの振る舞いについて、テストで明記しきれなかった何かがあるはずです。つまり、ある意味でテストが壊れているのです。この問題を解決するには、ほかのテストによってPlayerのpositionプロパティが更新されたことを検証する必要があります。そういったテストを追加する正当な理由が思いつかないのであれば、positionプロパティをまったく気にせず、単純に削除してしまえばよいのです。そのようにしても、オブジェクトの振る舞いは目に見える形では変化しません。

すべてのミュータブルオブジェクトにイベントを導入するのは、ちょっとやりすぎではないでしょうか？

　本章の始めに述べたように、ほとんどすべてのオブジェクトはイミュータブルになります。残りのわずかなミュータブルオブジェクトはエンティティになります。こうしたオブジェクトでは、イベントを持つことは役に立ちます（このとき、それらは「ドメインイベント」と呼ばれます）。そのため、実際にイベントを記録することは、それほど過大な要求ではなく、ごく自然なことなのです。

　イベントを使うことで、ドメインオブジェクトの変更をトリガにしてほかの処理を実行できるため、イベントを記録することは便利だと思うようになるでしょう。トリガされる処理としては、さらに変更を加えることであったり、イベントデータを元に検索エンジンのインデックスを作成したり、リードモデル[2]を構築したり、または有用なビジネスへの洞察を収集するといったことです。

---

† 2　訳注：リードモデルについては8章で説明する。

　Playerがクライアントに公開する情報は内部のドメインイベントのリストだけですので、プレイヤーの現在の位置を知る簡単な方法はありません。実用上、これではあまり役に立たないでしょう。画面上にプレイヤーの現在位置を表示するためだけでも、この情報は必要です。オブジェクトから情報を取得することについては、6章であらためて説明します。

練習問題

12.　ユニットテストにおいて、次のクラスからインスタンス化された SalesInvoice オブジェクトが確定（finalize）されたかどうかを調べるのに、望ましい方法は何でしょうか?

```
final class SalesInvoice
{
    private string isFinalized = false;

    // ...

    public function finalize()
    {
        this.isFinalized = true;
    }
}
```

a.　SalesInvoice クラスに isFinalized(): bool メソッドを追加し、finalize() の呼び出しの前と後でそれを呼び出し、そのメソッドが仕事をしたかどうかを確認する。

b.　ゲッタを追加するのではなく、リフレクションを使ってプライベートプロパティを覗き見る。

c.　エンティティの内部でドメインイベントを収集し、後でそれを分析して、請求書が本当に確定されたかどうかを調べる。

d.　ドメインイベントを発行するようにし、ユニットテストでイベントリスナを設定して、請求書が確定されたかどうかを追跡する。

4.13　ミュータブルオブジェクトに流れるようなインタフェースを実装しない

　オブジェクトが流れるようなインタフェース（fluent interface）を持つのは、そのモディファイアメソッドが this を返すときです。オブジェクトが流れるようなインタフェースを持っている場合、オブジェクトの変数名を繰り返し参照することなく、次々とメソッドを呼び出すことができます。

例4-37　流れるようなインタフェースを提供する QueryBuilder

```
queryBuilder = QueryBuilder.create()
    .select(/* ... */)
    .from(/* ... */)
```

```
    .where(/* ... */)
    .orderBy(/* ... */);
```

　しかし、流れるようなインタフェースを使うと、メソッドがどのオブジェクトに呼び出されるかが非常に分かりにくくなります。もしQueryBuilderがイミュータブルならば、これは大したことではありません。しかし、それがミュータブルだったらどうでしょう？　次のリストのQueryBuilderのメソッドシグネチャを見ても、それを知る方法はありません。

例4-38　QueryBuilderのメソッドシグネチャ

```
final class QueryBuilder
{
    public function select(/* ... */): QueryBuilder ❶
    {
        // ...
    }
    public function from(/* ... */): QueryBuilder
    {
        // ...
    }
    // ...
}
```

❶　これらのメソッドは、呼び出されたオブジェクトの状態を更新するのか、それとも変更されたコピーを返すのか？　あるいはその両方だろうか？

　これらのメソッドシグネチャはイミュータブルオブジェクトのモディファイアメソッドのように見えることから、これを見たときにQueryBuilderはイミュータブルであると仮定するかもしれません。したがって、次のリストのように、QueryBuilderオブジェクトの中間ステージを安全に再利用できると仮定するかもしれません。

例4-39　QueryBuilderインスタンスの中間ステージを再利用する

```
queryBuilder = QueryBuilder.create();

qb1 = queryBuilder
    .select(/* ... */)
    .from(/* ... */)
    .where(/* ... */)
    .orderBy(/* ... */);

qb2 = queryBuilder
    .select(/* ... */)
    .from(/* ... */)
    .where(/* ... */)
    .orderBy(/* ... */);
```

　しかし、以下のwhere()の実装を見ればわかるように、結局のところQueryBuilderはイミュータブルではないことが判明しました。

例4-40 `QueryBuilder.where()`の実装

```
public function where(string clause, string value): QueryBuilder
{
    this.whereParts[] = clause;
    this.values[] = value;

    return this;
}
```

これは、一見するとイミュータブルオブジェクトのモディファイアメソッドのように見えますが、実は普通のコマンドメソッドなのです。そして、さらに非常に紛らわしいことに、変更した後に現在のオブジェクトインスタンスを返します。

このような混乱を避けるために、ミュータブルオブジェクトでは流れるようなインタフェースを実装しないようにしましょう。いずれにせよ、`QueryBuilder`はイミュータブルオブジェクトであることが望ましいでしょう。そうすれば、クライアントがよくわからない状態のオブジェクトを持つことはなくなります。次のリストは、`QueryBuilder`をイミュータブルにするような、`where()`の代わりの実装を示したものです。

例4-41 不変性をサポートする`where()`の実装

```
public function where(string clause, string value): QueryBuilder
{
    copy = clone this;

    copy.whereParts[] = clause;
    copy.values[] = value;

    return copy;
}
```

イミュータブルオブジェクトの場合、流れるようなインタフェースを持つことは問題ありません。実際、本章で説明されているようにモディファイアメソッドを使用すると、定義上、流れるようなインタフェースが得られると言えます。なぜなら、すべてのモディファイアメソッドはそれ自身の修正されたコピーを返すからです。これにより、通常の流れるようなインタフェースと同じように、連鎖したメソッド呼び出しが可能になります（次のリストを参照）。

例4-42 イミュータブルオブジェクトのモディファイアメソッドは流れるようなインタフェースとなる

```
position = Position.startAt(10, 5)
    .toTheLeft(4)
    .toTheRight(2);
```

練習問題

13. `Product`エンティティクラスの次のサンプルを見てください。`setPrice()`メソッドは、なぜ

こんなにわかりにくいのでしょうか?

```
final class Product
{
    // ...

    public function setPrice(Money price): Product
    {
        // ...
    }
}
```

a. クライアントにとって、戻り値が元のオブジェクトなのかコピーなのかがわからない。

b. エンティティである Product はイミュータブルオブジェクトであるはずだが、setPrice() はそれを変更できることを示唆している。

c. このメソッドは、イミュータブルオブジェクトに対するモディファイアメソッドのように見えるが、setPrice() と言うメソッドの名前は宣言的ではなく、命令的なものになっている。

「サードパーティのライブラリに、オブジェクトの設計上の問題があります。どうしたらよいでしょうか?」

　本節の QueryBuilder の例は、Doctrine DBAL ライブラリ(http://mng.bz/dx2v)にある実際の QueryBuilder クラスからヒントを得たものです。これは本書のルールに従わないクラスの一例に過ぎません。(サードパーティのコードであれ自分達のプロジェクトのコードであれ)ルールに従わないクラスに出会う可能性はあります。その場合、どうしたらよいでしょうか?

　そういったクラスがどのように使われるかによって、さまざまなトレードオフがあります。たとえば、その「ひどい」設計のクラスをメソッドの中だけで使うのでしょうか、それともメソッド間やオブジェクト間でそのインスタンスを受け渡しするのでしょうか? QueryBuilder の場合、おそらくリポジトリメソッド内でのみ使用されるでしょう。つまり、アプリケーションのほかの部分では使われないので、プロジェクトで使用する際の設計リスクを軽減できます。ですから、QueryBuilder に設計上の問題があったとしても、書き直したり回避したりする必要はありません。

　ほかにも、オブジェクトが非常に紛らわしい場合があります。たとえば、イミュータブルなのか、ミュータブルなのかがよくわからない場合などです。その良い例が PHP の組込みの DateTime クラスや、Java の今では非推奨となっている java.util.Date クラスです。しかし、今ではこれらに対するイミュータブルな代替案が提供されています。それらが存在する前は、

これらのオブジェクトで何かをする前にコピーを作成するか、独自のイミュータブルラッパオブ
ジェクトを導入するのは良い考えでした。そうすることで、ミュータブルオブジェクトが「流出」
し、ほかのクライアントによって変更されることを防ぎます。従って、アプリケーションの状態が
おかしくなり、問題を引き起こす可能性をなくすことができます。

4.14 まとめ

- 常に、作成後に変更できないイミュータブルオブジェクトを優先しましょう。もしイミュー
  タブルオブジェクトに変更を加えたいのであれば、まずコピーを作成し、それから変更を加
  えてください。これを行うメソッドには宣言的な名前をつけ、単にプロパティを新しい値に
  変更するだけではなく、何か便利な振る舞いを実装しましょう。モディファイアメソッドが
  呼ばれた後も、オブジェクトは有効な状態であるようにしましょう。そのためには、正しい
  データのみを受け取り、オブジェクトが無効な状態遷移をしないようにしましょう。
- エンティティのようなミュータブルオブジェクトでは、モディファイアメソッドの戻り値型
  はvoidとなるべきです。このようなオブジェクトで発生する変更は、内部に記録されたイベ
  ントを解析することで明らかにできます。イミュータブルオブジェクトとは対照的に、ミュー
  タブルオブジェクトは流れるようなインタフェースを持つべきではありません。

4.15 練習問題の解答

1. 正解：b。

2. 正解：a。

3. 正解：c。

4. 正解：b。startWith()はコンストラクタです。コンストラクタが、生成したインスタンスを変更す
   るのはまったく問題ありません。withColorAdded()は、オリジナルのColorPaletteインスタン
   スを変更するのではなく、そのコピーを変更しています。

5. 模範解答

```
final class Money
{
    // ...

    public function withDiscountApplied(
        DiscountPercentage discountPercentage
```

```
    ): Money {
        discount = (int)round(
            (discountPercentage.percentage() / 100)
            * this.amountInCents()
        );

        return Money.fromInt(
            this.amountInCents() - discount
        );
    }
}
```

6. 正解：**a**。イミュータブルオブジェクトであれば、変更されたオブジェクトのインスタンスを返すモディファイアメソッドを持つはずです。

7. 正解：**b**。ミュータブルオブジェクトであれば、戻り値がvoidのモディファイアメソッドを持つはずです。

8. 正解：**a**。宣言的なメソッド名とコマンドメソッドの戻り値型（void）が混在しているので、明らかにわかりづらいメソッドです。

9. 正解：**b**。ゲッタの結果を比較すると、テストがバリューオブジェクトに密結合しすぎてしまいます。また、参照を比較することもできません。なぜなら、バリューオブジェクトは参照を共有することを想定していないからです。また、オブジェクトを比較するために、標準または組込みのequals()メソッドに依存するべきではありません。なぜなら、本番コードではバリューオブジェクトを比較する必要すらないでしょうし、このメソッドをテスト目的のためだけに追加すべきではないからです。

10. 正解：**d**。練習問題9の答えを参照してください。ただ今回の場合、本番コードでバリューオブジェクトの比較をする明確な必要があるようです。そういった場合、カスタムのequals()メソッドを追加するのがよいでしょう。

11. 正解：**b**。そうは見えないかもしれませんが、withMinimum()とwithMaximum()は、Rangeオブジェクトの完全なコピーを作成します。それぞれのメソッドは、1つのプロパティ（minimumまたはmaximum）の値を上書きするだけです。本当の問題は、withMinimum()にはwithMaximum()が持つアサーションがないため、minimumがmaximumより大きくなる余地があることです。

12. 正解：**c**。テストのためだけにゲッタを追加するべきではありません。またオブジェクトの内部を覗き見るべきでもありません。その代わり、ドメインイベントを使用してエンティティ内部で何が起こっているかを記録し、後でそれを分析するようにしましょう。また、すぐにイベントを発行する必要はありません。

13. 正解：**a**と**c**。エンティティはイミュータブルオブジェクトとなることは想定されていません。

5章
オブジェクトの使用

本章の内容

- テンプレートを使ったメソッドの記述
- メソッド引数と戻り値の検証
- メソッド内部での失敗への対処

　オブジェクトをインスタンス化したら、そのオブジェクトを使う準備完了です。オブジェクトは、情報の提供やタスクの実行といった便利な振る舞いを提供してくれます。いずれにせよ、これらの振る舞いはオブジェクトのメソッドとして実装されます。

　情報を取得する場合とタスクを実行する場合のどちらかに特化した設計ルールを説明する前に、まず、これらのメソッドが共通に持つべきもの、つまり実装のためのテンプレートについて説明します。

5.1　メソッドを実装するためのテンプレート

　メソッドを設計するときは、いつも次のようなテンプレートを覚えておくとよいでしょう。

例5-1　メソッドを実装するためのテンプレート

```
[スコープ] function methodName(type name, ...): void|[返り値の型]
{
    [事前条件のチェック]

    [失敗のシナリオ]

    [ハッピーパス]

    [事後条件のチェック]

    [voidもしくは特定の型の値の返却]
```

```
    }
```

5.1.1　事前条件のチェック

　最初のステップは、クライアントから提供された引数が正しく、タスクを実行するために使用できることを確認することです。いくつでもチェックを行い、何かおかしいと思ったら例外を投げましょう。

　事前条件のチェックは以下のような形をしています。

```
if (/* 何かしらの事前条件が満たされていない場合 */) {
    throw new InvalidArgumentException(/* ... */);
}
```

　先に説明したように、この種の検証には標準的なアサーション関数がよく使われます。

```
Assertion.inArray(value, ['allowed', 'values']);
```

　これらの事前条件チェックの中には、その言語の型システムに何らかの機能が欠けているというだけの理由で必要となるものもあります。たとえば、PHPにはarrayという型がありますが、配列が特定の型のオブジェクトだけから構成されていなければならないことを型システムに伝える方法はありません。そのため、アサーションを追加する必要があります。

```
Assertion.allIsInstanceOf(value, EventListener.className);
```

　ほかのチェックは引数の内容を検査し、たとえば間違った範囲の値を提供した場合などに、クライアントに警告を出します。

```
Assertion.greaterThan(value, 0);
```

新しい型を導入して事前条件チェックをなくす

　これらのアサーションのほとんどは、プリミティブ型の引数（int、stringなど）を検証するために作成されます。「3.5 ドメイン不変条件が複数の場所で検証されるのを防ぐために新しいオブジェクトを抽出する」で見たように、プリミティブ型の値に対してラッパオブジェクトを導入し、関連するアサーションをこれらのオブジェクトのコンストラクタに移動させるのは多くの場合、理にかなっています。

```
// 変更前:
public function sendConfirmationEmail(string emailAddress): void
{
    Assertion.email(emailAddress);
```

```
        // ...
    }

    // 変更後:

    final class EmailAddress
    {
        private string emailAddress;

        public function __construct(string emailAddress)
        {
            Assertion.email(emailAddress);
            this.emailAddress = emailAddress;
        }
    }

    public function sendConfirmationEmail(
        EmailAddress emailAddress
    ): void {
        // `emailAddress`の検証は不要
    }
```

　これは「オブジェクトによるプリミティブの置き換え」として知られるリファクタリングです[1]。

　使用するプログラミング言語によっては、クライアントが実際の EmailAddress オブジェクトではなく、引数として null を渡すことができる場合もあります。その場合、常に引数が null かどうかをチェックするようにしましょう（そうしないと、恐ろしい NullPointerException に直面することになります）。可能であれば、この処理もコンパイラに支援してもらいましょう。たとえば Java では、Checker Framework（https://checkerframework.org/）を利用できます。

　どのアサーションも失敗しない場合、それは引数をそのまま受け入れることができるということです。しかし、これらの事前条件のチェックは、明らかな問題がないか値を検証するだけで、まだ表面的なものです。

5.1.2　失敗のシナリオ

　値が正しく「見える」ために事前条件のチェックをパスしたとしても、物事がうまくいかない場合もあります。たとえば、電子メールアドレスが有効に見えても、そのアドレスへの電子メールの送信は失敗する可能性があります。また、クライアントが正の整数を渡しても、それがデータベースのレコード ID と一致しないかもしれません。つまり、メソッドの残りのコードを実行している間にも、うまくいかないことがあり得るのです。

---

[1]　Martin Fowler 著『リファクタリング：既存のコードを安全に改善する 第2版』（オーム社、2019年、原書 "Refactoring: Improving the Design of Existing Code, Second Edition" Addison-Wesley Professional）

　事前条件のチェックの後にメソッド内で何か問題が発生した場合、別の種類の例外を投げるべきです。それは、無効な引数を示す例外ではありません。ここでの例外の種類は、実行時にのみ検出可能なエラーが発生したことを示すものでなければなりません。失敗したのはメソッド自身ではなく、メソッドを破壊する何らかの外部条件なのです。次のリストにその例を示します。

例5-2　`getRowById()`が`RuntimeException`を投げる

```
public function getRowById(int id): array
{
    Assertion.greaterThan(id, 0, 'ID should be greater than 0'); ❶

    record = this.db.find(id);                                    ❷

    if (record == null) {                                         ❸
        throw new RuntimeException(
            'Could not find record with ID "{id}"'
        );
    }

    return record;
}
```

❶　ここでは、`InvalidArgumentException`が投げられる可能性がある。
❷　ここでは、データベースを呼び出すコードから`InvalidArgumentException`または`RuntimeException`が投げられる可能性がある。
❸　これがこのメソッドでの失敗のシナリオ：レコードが見つからなかったので、`RuntimeException`を投げる。

　このメソッドから呼び出されるメソッドでは、それぞれの事前条件のチェックがあるため、データベースを呼び出すコードから発生する`RuntimeException`以外に、`InvalidArgumentException`（またはその親である`LogicException`）にも出くわすかもしれません。通常は、これらの例外はそのまま「浮上」させるだけです。より上位のアプリケーションのエラー処理のしくみが、これらのエラーを処理できるはずです。この部分で重要なのは、メソッド**自身**が失敗のシナリオとして認識しているシナリオです。

5.1.3　ハッピーパス

　ハッピーパス、もしくはメソッドのハッピーな部分とは、何も問題がなく、メソッドが単にそのタスクを実行している部分のことです。メソッドを小さくしていくと（そうすべきです）、この部分ではあまり多くのことが起こらないと思うかもしれません。時には、コードのほとんどが失敗のシナリオに対処するためということもあります。

5.1.4　事後条件のチェック

　事後条件のチェックをメソッドに追加することで、そのメソッドが行うべきことを行ったかどうかを検証できます。実際に値を返す前にその値を分析したり、オブジェクトから離れる前に状態を分析したりできます。

例5-3　someVeryComplicatedCalculation()で事後条件をチェックする

```
public function someVeryComplicatedCalculation(): int
{
    // ...
    result = /* ... */;
    Assertion.greaterThan(0, result); ❶

    return result;
}
```

❶　この事後条件のチェックは単なる安全性のチェックであり、「絶対に起こってはならない」ことが起きていない
　　かどうかを確かめているだけ。

　実際には、ほとんどのメソッドで事後条件のチェックは必要ありません。メソッドのテストを書いていれば、そのメソッドが正しい値を返しているかどうか、あるいはオブジェクトの状態を正しく変更しているかどうかは、すでに**わかっている**はずです。

　もしコードベースで強力な型を定義しており、プリミティブ型の値をあまり使っていないのなら、それらの型を使ってメソッド引数や戻り値の型を定義することで、無効なものが返らない堅実なコードになるでしょう。結局のところ、戻り値がオブジェクトであれば、それが無効な状態で存在することはないといえます。

　もし、暗黙の型変換が多く、アサーションがまったくないレガシーコードを扱っているのなら、事後条件のチェックを追加することは有効なテクニックかもしれません。事後条件のチェックは、それ以降の処理で問題が発生しないことを確認するための安全性のチェックとして使用できます。

新しいメソッドを導入して事後条件のチェックをなくす

　プリミティブ型の値を適切なオブジェクトでラップし、それをメソッドから返すことで、事前条件のチェックを取り除くのと同じように、メソッドの事後条件のチェックを取り除くこともできます。もうひとつの方法は、事後条件のチェックを持つメソッドを、そのチェックを実行する新しいメソッドでラップすることです。

5.1.5　戻り値

　最後に、メソッドは何かを返す場合があります。実際には、クエリメソッドだけがそれを行うべきです。この話題については、次の章で詳しく説明します。

　もうひとつ覚えておくとよいルールは、**早めに返す**ということです。これと同じ考え方は例外で見てきました。つまり、何かがうまくいかないとわかったら、すぐにそれについて例外を投げるという考え方です。同じことが戻り値にも当てはまります。何を返すのかがわかったら、すぐにそれ

を返しましょう。値を保持したまま、さらにいくつかのif節をスキップして、それから返すというのはやめましょう。

5.2　例外に関するルール

　ここまで、事前条件や事後条件のチェック、そして失敗のシナリオにおいて、例外がどのように使用されるかを見てきました。ここでは、例外クラスの設計ルールについて見ていきましょう。

5.2.1　カスタム例外クラスは必要な場合のみ使う

　カスタムの例外クラスを追加することは、特定の状況においては非常に有効です。

1. 特定の例外型を上位で捕捉したい場合

```
try {
    // `SomeSpecific` 例外を投げる可能性がある
} catch (SomeSpecific exception) {
    // ...
}
```

2. ひとつの例外をインスタンス化する方法が複数必要な場合

```
final class CouldNotDeliverOrder extends RuntimeException
{
    public static function itWasAlreadyDelivered():
        CouldNotDeliverOrder
    {
        // ...
    }

    public static function insufficientQuantitiesInStock():
        CouldNotDeliverOrder
    {
        // ...
    }
}
```

3. 例外のインスタンスを作成するために名前付きコンストラクタを使用したい場合

```
final class CouldNotFindProduct extends RuntimeException
{
    public static function withId(
        ProductId productId
    ): CouldNotFindProduct {
        return new CouldNotFindProduct(
            'Could not find a product with ID "{productId}"'
        );
    }
```

```
    }
    throw CouldNotFindProduct.withId(/* ... */);
```

　名前付きコンストラクタを使用すると、クライアント側のコードが非常にすっきりします。例外クラスの名前とコンストラクタのメソッドの名前を組み合わせると「ID...のプロダクトを見つけることができませんでした（Could not find product for ID ...）」と文章のように読むことができます。メッセージは、呼び出し元ではなく例外クラスの内部で組み立てられます。

　このように名前付きコンストラクタを持つカスタム例外クラスを用意すると、複数の名前付きコンストラクタを追加できるようになり、同じ例外クラスを再利用して異なる失敗の理由を表すことが容易になります。

例5-4　複数の名前付きコンストラクタを持つ例外クラス

```
final class CouldNotPersistObject extends RuntimeException
{
    public static function becauseDatabaseIsNotAvailable():
        CouldNotPersistObject
    {
        return new CouldNotPersistObject(/* ... */);
    }
    public static function becauseMappingConfigurationIsInvalid():
        CouldNotPersistObject
    {
        return new CouldNotPersistObject(/* ... */);
    }
    // ...
}
```

5.2.2　無効な引数やロジックの例外クラスの命名

　一般に信じられているのとは異なり、例外クラスの名前に「Exception」とつける必要はありません。その代わり、命名に役立つ文がいくつかあります。無効な引数やロジックのエラーを示すには、InvalidEmailAddress、InvalidTargetPosition、InvalidStateTransitionなど、「Invalid」から始まる名前にするのが良いでしょう。

5.2.3　実行時例外クラスの命名

　実行時例外の名前を考える際、「すみません、...でした（Sorry, [I] ...）」という文を考えることが非常に役立ちます。「...」の部分に入る言葉を、例外クラスの名前にします。これは、システムが要求された仕事をどのように実行し、その結果うまく終了できなかったのかを伝えるので、良い名前となります。たとえば、CouldNotFindProduct、CouldNotStoreFile、CouldNotConnectなどです。

5.2.4 失敗の理由を示すために名前付きコンストラクタを使う

名前付きコンストラクタを使用する場合、次のリストのように、コンストラクタの名前によって例外をインスタンス化するために必要な要素を表すことができます。

例5-5 名前付きコンストラクタで使われたデータを受け取る

```
final class CouldNotFindStreetName extends RuntimeException
{
    public static function withPostalCode(
        PostalCode postalCode
    ): CouldNotFindStreetName {
        // ...
    }
}
```

ほかのケースでは、間違っている理由を示すためにメソッド名を使うこともできるでしょう。

例5-6 名前付きコンストラクタで失敗の理由を示す

```
final class InvalidTargetPosition extends LogicException
{
    public static function becauseItIsOutsideTheMap(
        /* ... */
    ): InvalidTargetPosition {
        // ...
    }
}
```

5.2.5 詳細なメッセージの追加

名前付きコンストラクタを提供すると、クライアントがメッセージを設定するのではなく、例外のコンストラクタが例外のメッセージを設定するようになり、クライアントにとって便利です。

例5-7 名前付きコンストラクタが詳細なメッセージを構築する

```
// 変更前:
final class CouldNotFindProduct extends RuntimeException
{
}

// 呼び出し側:
throw new CouldNotFindProduct(
    'Could not find a product with ID "{productId}"'
);

// 変更後:

final class CouldNotFindProduct extends RuntimeException
{
    public static function withId(
        ProductId productId
```

```
    ): CouldNotFindProduct {
        return new CouldNotFindProduct(
            'Could not find a product with ID "{productId}"'
        );
    }
}

// 呼び出し側:
throw CouldNotFindProduct.withId(productId);
```

練習問題

1. 以下のメソッドの文の配置を改善してください。

```
public function pop(): Element
{
    if (count(this.elements) > 0) {
        lastElement = array_pop(this.elements);

        return lastElement;
    } else {
        throw new RuntimeException('There are no more elements');
    }
}
```

2. ファイルが見つからないエラーの場合、どのような種類の例外を投げるべきでしょうか?

   a. RuntimeExceptionまたはカスタムのサブクラス

   b. InvalidArgumentExceptionまたはカスタムのサブクラス

3. 呼び出し元から渡される整数が正であると期待しているところに、負の整数を渡された場合、どのような種類の例外を投げるべきでしょうか?

   a. RuntimeExceptionまたはカスタムのサブクラス

   b. InvalidArgumentExceptionまたはカスタムのサブクラス

5.3　まとめ

- メソッドを実装するためのテンプレートは、作業を開始する前に作業場をきれいにすることを目的としています。まず、渡された引数を分析し、おかしいと思われるものは例外を投げて拒否します。そして、実際の作業を行い、失敗があればそれに対処します。そして最後に、クライアントに値を返します。

- InvalidArgumentExceptionは、クライアントが渡した引数に問題があることを知らせるために使用されるべきです。RuntimeExceptionは、論理的な間違いではない問題が発生

したことをクライアントに知らせるために使用されるべきです。

- カスタム例外クラスと名前付きコンストラクタを定義して、例外メッセージの質を向上させ、例外を作成し投げることを容易にしましょう。

5.4　練習問題の解答

1.　模範解答

```
public function pop(): Element
{
    if (count(this.elements) == 0) { ❶
        throw new RuntimeException('There are no more elements');
    }                                 ❷

    lastElement = array_pop(this.elements);

    return lastElement;
}
```

❶　失敗条件のチェックをメソッドの先頭に移動する。
❷　if文のelse部分をなくす方法を常に検討する。

2.　正解：**a**。ファイルが見つからなかったという事実は、与えられた引数の内容を見ただけでは導き出せないので、RuntimeExceptionを投げるべきです。

3.　正解：**b**。与えられた引数の内容を見ただけで、与えられた値が無効であることがわかるので、InvalidArgumentExceptionを投げるべきです。

6章
情報の取得

オブジェクトはインスタンス化でき、時には変更もできます。オブジェクトは、タスクを実行したり情報を取得するメソッドを提供する場合もあります。本章では、情報を返すメソッドを実装する方法について説明します。7章では、タスクを実行するメソッドについて見ていきます。

6.1 情報取得のためにはクエリメソッドを使う

先の章でコマンドメソッドについて簡単に説明しました。これらのメソッドはvoid型の戻り値を持ち、状態の変更、メールの送信、ファイルの保存などの副作用を生み出すために使用できます。このようなメソッドは、情報の取得に使ってはいけません。オブジェクトから情報を取得したい場合は、クエリメソッドを使用する必要があります。このようなメソッドは特定の型の戻り値を持ち、副作用を発生させることは許されません。

Counterクラスを見てみましょう。

例6-1　Counterクラス

```
final class Counter
{
    private int count = 0;
```

```
    public function increment(): void
    {
        this.count++;
    }

    public function currentCount(): int
    {
        return this.count;
    }
}

counter = new Counter();
counter.increment();

assertEquals(1, counter.currentCount());
```

　コマンドメソッドとクエリメソッドのルールによると、increment()はCounterオブジェクト
の状態を変更するので、コマンドメソッドであることは明らかです。currentCount()は何も変更
せず、ただcountの現在の値を返すだけですので、クエリメソッドです。このように分離すること
の良い点は、Counterオブジェクトの現在の状態が与えられると、currentCount()への呼び出
しは常に同じ答えを返すことです。
　次のようなincrement()の別の実装を考えてみましょう。

例6-2　increment()の代替実装

```
    public function increment(): int
    {
        this.count++;

        return this.count;
    }
```

　このメソッドは変更を行い、情報を返します。これはクライアントの立場からすると混乱します。
情報を見るだけで、オブジェクトが変更されてしまうのです。
　いつ、何度でも呼び出せる安全なメソッドと、副作用があるために「安全ではない」メソッドは
分けた方がよいです。これを実現するには、2つの方法があります。

● メソッドは常にコマンドメソッドかクエリメソッドのどちらかであるべきというルールに従い
　ましょう。これは**コマンドクエリ分離原則**（command/query separation principle、CQS）
　と呼ばれます[1]。Counterの最初の実装もこの原則に従っています（例6-1）。increment()
　はコマンドメソッド、currentCount()はクエリメソッドで、Counterのどのメソッドもコ
　マンドメソッドとクエリメソッドの両方であることはありません。

---

[1]　Martin Fowler, "CommandQuerySeparation" (2005), https://martinfowler.com/bliki/CommandQuerySeparation.
　　html.

● オブジェクトをイミュータブルにしましょう（アプリケーションのほぼすべてのオブジェクトについて、以前からアドバイスされている通りです）。

Counterがイミュータブルオブジェクトとして実装された場合、increment()はモディファイアメソッドになります。その場合、メソッド名はincremented()とした方が、より宣言的でよいでしょう。

例6-3 別のCounterの実装

```
final class Counter
{
    private int count = 0;

    public function incremented(): Counter
    {
        copy = clone this;

        copy.count++;

        return copy;
    }

    public function currentCount(): int
    {
        return this.count;
    }
}

assertEquals(
    1,
    (new Counter()).incremented().currentCount()
);
assertEquals(
    2,
    (new Counter()).incremented().incremented().currentCount()
);
```

モディファイアメソッドは、コマンドメソッドなのか クエリメソッドなのか？

　モディファイアメソッドは、あなたが求めている情報を返す訳ではありません。実際にはオブジェクト全体のコピーを返します。そのコピーを手に入れたら、ようやくオブジェクトに情報を問い合わせることができます。つまりモディファイアメソッドはクエリメソッドではありません。しかし伝統的なコマンドメソッドでもないのです。イミュータブルオブジェクトに対するコマンドメソッドは、オブジェクトの状態を変更することを示唆しますが、実際に変更はしません。これは新しいオブジェクトを生成します。その点で、単にクエリに答えているのと大きな違いはあ

りません。

　少し概念を拡張しますが、**例6-3**の incremented() メソッドは、「現在のカウントをください、ただし値をひとつ増やしてください」というクエリに答えていると考えることができます。

練習問題

1.　次のうちどのメソッドがクエリメソッドであると期待されるでしょうか？
　　a.　`name(): string`
　　b.　`changeEmailAddress(string emailAddress): void`
　　c.　`color(bool invert): Color`
　　d.　`findRecentMeetups(Date today): array`

6.2　クエリメソッドでは単一の型の戻り値を持つ

　メソッドが何かの情報を返すとき、それは予測可能なものを返すべきです。mixed型[†2]は許されません。ほとんどの言語ではmixed型はサポートされていませんが、動的型付け言語であるPHPではサポートされています。たとえば、次の isValid() メソッドでは、戻り値の型をおざなりにし、複数の型を返すことができるようにしています。これは、このメソッドのユーザーを非常に混乱させるでしょう。

例6-4　isValid()は分かりにくいメソッドである

```
/**
 * @return string|bool
 */
public function isValid(string emailAddress)
{
    if (/* ... */) {
        return 'Invalid email address';
    }

    return true;
}
```

　提供されたメールアドレスが有効であれば、isValid() はtrueを返します。そうでなければ、文字列を返します。このような振る舞いは、このメソッドを使いづらいものにします。代わりに、常に単一の型の値を返すようにしましょう。

---

†2　訳注：ユニオン型とも呼ばれる。

ここで、もうひとつの状況を説明します。次のメソッドを見てみましょう。このメソッドは複数の戻り値の型を持ちませんが（その単一の戻り値の型はPageオブジェクトです）、代わりにnullを返す可能性があります。

```
public function findOneBy(type): Page?
{
}
```

これは呼び出し側に負担をかけます。呼び出し側は常に返された値がPageオブジェクトであるか、あるいはnullであるかをチェックしなければなりません。

```
if (page instanceof Page) {
    // ... ❶
} else {
    // ... ❷
}
```

❶　pageはPageオブジェクトであり、そのまま使用できる。
❷　pageはnullであり、これをどうするか決めなければならない。

メソッドからnullを返すことは、必ずしも問題ではありません。しかし、メソッドのクライアントがこの状況に対処していることを確認する必要があります。PHPの場合、PHPStan（https://github.com/phpstan/phpstan）やPsalm（https://github.com/vimeo/psalm）のような静的解析ツールによって検証できます。またIDEによってはNullPointerExceptionが発生する可能性のある箇所を教えてくれるものもあります。Javaでは、Checker Framework（https://checkerframework.org/）を使うことで、nullになる可能性のある値にクライアントが対処していない箇所をコンパイル時に警告することができます。

　しかし、ほとんどの場合、nullを返す代わりになるものを検討することが得策です。たとえば、以下のgetById()メソッドは、IDを指定してUserエンティティを取得するものですが、ユーザーが見つからない場合はnullを返してはいけません。例外を投げるべきです。結局のところ、クライアントはユーザーのIDを指定しているので、そのユーザーが存在することを期待しています。nullを答えとして受け取ることはないでしょう。

例6-5　getById()はユーザーを返すか、例外を投げる

```
public function getById(id): User
{
    user = /* ... */;

    if (!user instanceof User) {
        throw UserNotFound.withId(id);
    }

    return user;
}
```

　もうひとつの方法は、nullの場合を表すオブジェクトを返すことです。このようなオブジェクトは、**nullオブジェクト**と呼ばれます。このオブジェクトはメソッドのシグネチャで戻り値として定義された型を持っており、クライアントはnullかどうかをチェックする必要がありません。

例6-6　nullオブジェクトを返すことが理に適っている場合もある

```
public function findOneByType(PageType type): Page
{
    page = /* ... */; ❶

    if (!page instanceof Page) {
        return new EmptyPage();
    }

    return page;
}
```

❶　Pageを探してみる

メソッド名で不確実性を示す

　適切なメソッド名をつけることで、そのメソッドが期待通りの型の値を返すかどうかの不確実性を示すことができます。前の例では、findById()という名前の代わりにgetById()という名前を使うことで、このメソッドがUserを見つけようとして見つからない場合もあるのではなく、実際に「取得」することをクライアントに示しています。

---

　nullを返さずに済ますための最後の選択肢は、同じ型の空を表す値を返すことです。あるメソッドが配列の中から複数の要素を見つけて返すことを期待されている場合、何も見つからなかったら空の配列を返しましょう。

例6-7　nullの代わりに空のリストを返す

```
public function eventListenersForEvent(string eventName): array
{
    if (!isset(this.listeners[eventName])) {
        return [];
    }

    return this.listeners[eventName];
}
```

　ほかの戻り値の型では、「空」を表すのは別の値となるでしょう。たとえば、戻り値の型がintの場合、空を表す戻り値は0（あるいは1）かもしれませんし、文字列の場合は''（あるいは'N/A'）かもしれません。

　もし既存のメソッドで戻り値の型がmixed型であったり、もっと信頼できるものを返すべきなのにnullを返していたりする場合は、新しいメソッドを書いてその状況を解消するとよいでしょう。次の例では、既存のfindOneByType()メソッドがPageオブジェクトかnullを返します。クライアントでのnullへの対処を不要にし、実際にPageオブジェクトが返るようにするために、findOneByType()の呼び出しをgetOneByTypeという新しいメソッドでラップします。

例6-8　`getOneByType()`で`null`を返す可能性のある`findOneByType()`をラップする

```
public function getOneByType(PageType type): Page
{
    page = this.findOneByType(type);

    if (!page instanceof Page) {
        throw PageNotFound.withType(type); ❶
    }

    return page;
}
```

❶　nullを返さず、例外を投げる。

練習問題

2.　クエリメソッドについて次のどれが正しいでしょうか?

　a.　観測できる副作用を生み出すべき。

　b.　mixed型 (例：bool|int) を返してはいけない。

　c.　nullを返しても良い場合もある。

　d.　何も返さなくても (void) 良い場合もある。

6.3　内部状態を公開するようなクエリメソッドは避ける

　クエリメソッドの最もシンプルな実装は、オブジェクトのプロパティを返すというものです。これらのメソッドは**ゲッタ**と呼ばれ、クライアントがオブジェクトの内部データを「取得」することを可能にします。

「しかしJavaBeansの仕様によると、すべてのプロパティはゲッタを必要とします!」

　たしかにJavaBeansの仕様では、オブジェクトは引数なしのコンストラクタを持ち、すべてのプロパティに対してゲッタとセッタの両方を定義すると規定されています (http://mng.

bz/1woy)。これまでの章を読んでお察しかもしれませんが、本書で提案されているスタイルガイドやルールは、すべてこの仕様と相いれないものです。コンストラクタに引数がないので、オブジェクトは作成時点では無効な状態になります。セッタが個別に呼び出されることで、オブジェクトは無効な中間状態になります。またオブジェクトの内部データをすべて露出させることで、クライアントを破壊することなくそのデータに変更を加えることが難しくなります。JavaBeansとして設計できる唯一の種類のオブジェクトは、データ転送オブジェクトです（「3.13 ルールの例外：データ転送オブジェクト」および「4.3 データ転送オブジェクト：設計ルールの少ないシンプルなオブジェクト」でそれらについて議論しました）。

通常クライアントがデータを取得する理由は、そのデータを使ってさらに計算するか、そのデータに基づいて判断をするためです。オブジェクトは内部を公開しないことが望ましいので、こういった単純なゲッタとその戻り値がクライアントによってどのように使われるかに注目する必要があります。オブジェクトが提供する情報を使ってクライアントが行っていることは、しばしばオブジェクト自身が行うことができます。

最初の例は、次の`getItems()`メソッドです。これは、クライアントが買い物かごの中のアイテムを数えるために使われます。買い物かごに入っているアイテムを直接公開する代わりに、クライアントのためにアイテムを数えるメソッドを提供するように変更してみましょう。

例6-9　アイテムを数えるための代替手段

```
// 変更前：
final class ShoppingBasket
{
    // ...
    public function getItems(): array
    {
        return this.items;
    }
}

count(basket.getItems());

// 変更後：
final class ShoppingBasket
{
    // ...
    public function itemCount(): int
    {
        return count(this.items);
    }
}
```

```
basket.itemCount();
```

　クエリメソッドの命名も重要です。getItemCount()やcountItems()というメソッド名は、オブジェクトに何かを指示するコマンドのように聞こえるので、使いませんでした。その代わりにitemCount()というメソッド名をつけました。こうすることで、アイテム数は買い物かごの属性のように見えます。

あいまいな命名にどう対処するか？

　オブジェクトにnameという名前のプロパティがあるとします。このプロパティのゲッタはname()という名前になるでしょうが、「name」は動詞でもあります。実は、「count」という単語を使ったときにも、同じような混乱が発生する可能性がありました。

　名前に使われる単語がどのような意味を意図しているのかは常に議論の対象となりますが、あいまいさのほとんどは、適切な文脈を設定することで解決できます。クエリメソッドとコマンドメソッドの違いを明確にすれば、あるメソッドが情報を返すもの（たとえばnameプロパティの値を返す）か、オブジェクトの状態を変更するもの（たとえばnameプロパティの値を変更して何も返さない）かを簡単に認識できます。こうすることは、その単語を動詞として解釈すべきか（コマンドメソッドの場合に多い）、名詞として解釈すべきか（クエリメソッドの場合に多い）を読み手に伝える重要な手がかりとなります。

　このような小さな書き換えによって、オブジェクトはより多くのロジックを吸収できます。そうすることで、オブジェクトが表す概念に関する知識を、コードベース全体に少しずつばらまくのではなく、オブジェクトの内部にとどめておくことができます。

　別の例を見てみましょう。クライアントがオブジェクトのクエリメソッドを呼び出し、その呼び出しの戻り値を使って別のメソッドを呼び出しています。

例6-10　クライアントはProductのゲッタを使用して判断を下す

```
final class Product
{
    public function shouldDiscountPercentageBeApplied(): bool ❶
    {
        // ...
    }

    public function discountPercentage(): Percentage
    {
        // ...
    }
```

```
    public function fixedDiscountAmount(): Money
    {

    }
}

amount = new Money(/* ... */);
if (product.shouldDiscountPercentageBeApplied()) {                    ❷
    netAmount = product.discountPercentage().applyTo(amount);
} else {
    netAmount = amount.subtract(product.fixedDiscountAmount());
}
```

❶　商品には、割り引き率を適用するかどうかを定義する設定がある。割り引き率が設定されていない場合でも、定額割り引きが適用される。

❷　Productのクライアントは、最初にshouldDiscountPercentageBeApplied()を呼び出し、その答えを使って割り引き率または定額割り引きを適用することで、総額を計算できる。

　ある商品に対してどのように割り引きを計算するかという情報をオブジェクト内にとどめておくための方法のひとつとして、calculateNetAmount()という名前のメソッドを導入するというものがあります。

例6-11　calculateNetAmount()は、よりよい選択肢を提供する

```
final class Product
{
    public function calculateNetAmount(Money amount): Money
    {
        if (this.shouldDiscountPercentageBeApplied()) {
            return this.discountPercentage().applyTo(amount);
        }

        return amount.subtract(this.fixedDiscountAmount());
    }

    private function shouldDiscountPercentageBeApplied(): bool ❶
    {
        // ...
    }

    private function discountPercentage(): Percentage          ❶
    {
        // ...
    }

    private function fixedDiscountAmount(): Money              ❶
    {

    }
}

amount = new Money(/* ... */);
netAmount = product.calculateNetAmount(amount);
```

❶　これらのメソッドはプライベートのままでも良いし、もしくはこれらのメソッドで公開していたプロパティを直接

使うこともできる。

さまざまな呼び出し元でこのロジックを繰り返す必要がないことに加え、この代替案にはさらに2つの利点があります。まず、割り引き率や定額割り引きのような内部データを公開せずに済みます。第二に、割り引きの計算方法に変更が必要なときに、一ヵ所で変更とテストを行うことができます。

要するに、クエリメソッドにおいて、オブジェクトの内部データを公開せずに済む方法を常に模索しましょう。そうすることで次のような利点が得られます。

● メソッドをより賢くし、クライアントの実際のニーズに合致するようになります。
● 呼び出しをオブジェクトの内部に移動し、オブジェクト自身に判断を任せることができるようになります。

これらのアプローチによりオブジェクトは詳細を内部にとどめ、クライアントに対して、明示的に定義されたパブリックインタフェースを使わせることができます（**図6-1**を参照）。

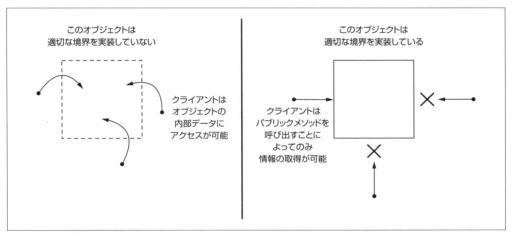

図6-1　オブジェクトには境界があると見なすことができる。クライアントがその境界を越えてオブジェクトから情報を取得することを許すのではなく、どのデータとどの振る舞いをクライアントが利用できるようにするかを明示的に定義する

ゲッタの命名規則

`discountPercentage()`（**例6-11**）のように、本書ではゲッタに伝統的な「get」という接頭辞をつけていないことにお気付きかもしれません。この規則によって、そのメソッドがコマン

ドメソッドではなく、単に情報を提供するものであることを示しています。このメソッド名は、どういった情報を取得できるのかを示すものであり、オブジェクトに「それを取ってきてくれ」と命令するものではありません。

練習問題

3. まず、次のOrderクラスとLineクラスを見て、クライアントが注文全体の合計金額を計算するために必要なすべての情報をどのように取得しているするのかを見てみましょう。

```
final class Line
{
    private int quantity;
    private Money tariff;

    // ...

    public function quantity(): int
    {
        return this.quantity;
    }

    public function tariff(): Money
    {
        return this.tariff;
    }
}
final class Order
{
    /**
     * @var Line[]
     */
    private array lines = [];

    // ...

    /**
     * @return Line[]
     */
    public function lines(): array
    {
        return this.lines;
    }
}

totalAmount = new Money(0);
foreach (order.lines() as line) {
    totalAmount = totalAmount.add(
        new Money(
            line.quantity() * line.tariff()
```

```
            )
        );
    }
```

Orderと Lineを書き直して、Orderが内部のlines配列や、この配列に含まれるLineオブ
ジェクト、Lineのtariffとquantityを公開しないようにしましょう。

6.4　尋ねたいクエリに特化したメソッドとその戻り値の型を定義する

　何かの情報が必要な場合は、その情報を尋ねるための具体的な質問とその答えがどのようなものになるかを明確にしましょう。たとえば、あなたがあるコードを書いていて、アメリカドル（USD）からユーロ（EUR）への今日の為替レートを知りたい場合、https://fixer.io/ のようなWebサービスから、そのレートが取得できるとわかったとします。そこで、そのサービスを呼び出すちょっとしたコードを書いてみることにしました。

例6-12　CurrencyConverterクラス

```
final class CurrencyConverter
{
    public function convert(Money money, Currency to): Money
    {
        httpClient = new CurlHttpClient();
        response = httpClient.get(
            'http://data.fixer.io/api/latest?access_key=...' .
                '&base=' . money.currency().asString() .
                '&symbols=' . to.asString()
        );
        decoded = json_decode(response.getBody());
        rate = (float)decoded.rates[to.asString()];

        return money.convert(to, rate);
    }
}
```

　この小さなコードには多くの問題があります（ネットワーク障害の可能性、エラーレスポンス、無効なJSON、レスポンス構造の変更、金額を扱うときにfloatはあまり信頼できるデータ型ではない、などという事実は、ここでは扱いません）。概念的なレベルでも、このコードはあまりに多くのことをやりすぎています。このコードで必要なのは、「USDからEURへの通貨変換の現在の為替レートはいくらですか？」という質問に答えることだけです。

　この質問を元にコードを書き直した結果、2つの新しいクラスが生まれました。FixerApiとExchangeRateです。最初のクラスはexchangeRateFor()というメソッドを持っており、これ

はCurrencyConverterが尋ねたい質問を表現しています。2番目のクラスであるExchangeRate
はその答えを表しています。

例6-13　FixerApiとExchangeRateクラス

```
final class FixerApi
{
    public function exchangeRateFor( ❶
        Currency from,
        Currency to
    ): ExchangeRate {
        httpClient = new CurlHttpClient();
        response = httpClient.get(/* ... */);
        decoded = json_decode(response.getBody());
        rate = (float)decoded.rates[to.asString()];

        return ExchangeRate.from(from, to, rate);
    }
}

final class ExchangeRate            ❷
{
    public static function from(
        Currency from,
        Currency to,
        float rate
    ): ExchangeRate {
        // ...
    }
}

final class CurrencyConverter       ❸
{
    private FixerApi fixerApi;

    public function __construct(FixerApi fixerApi)
    {
        this.fixerApi = fixerApi;
    }

    public function convert(Money money, Currency to): Money
    {
        exchangeRate = this.fixerApi
            .exchangeRateFor(
                money.currency(),
                to
            );

        return money.convert(exchangeRate);
    }
}
```

❶　FixerApi.exchangeRateFor()を導入して次の質問を表現する：「通貨 ... から通貨 ... への為替レー
　　トは何か？」
❷　この新しいクラスは、先の質問に対する答えを表現する。

❸ CurrencyConverterはFixerApiのインスタンスを注入してもらい、必要なときに現在の為替レートを調べることができるようになる。

「答え」を表現するクラスであるExchangeRateは、それを必要とするクライアントにとってできるだけ有用になるように設計されなければなりません。潜在的には、このクラスはほかのクライアントからも再利用できますが、必ずしもそうする必要はありません。

重要なのは、特化した戻り値の型を持つexchangeRateFor()メソッドを導入することで、コード内で行われている会話が改善されることです。convert()のコードを読む際に、ある情報を必要としていること、そのための質問をしていること、そして答えが返されており、その答えを使ってさらなる作業をしていることがはっきりとわかります。ここで私たちはコードをリファクタリングしただけだという点に注目してください。その構造は改善されましたが、動作は依然として同じです。

6.5　システム境界を越えるクエリに対する抽象を定義する

前節で出てきた「現在の為替レートは？」という質問に対して、アプリケーションはメモリ上に持つ情報だけでは答えられません。答えを見つけるには、システムの境界を越える必要があります。この場合、ネットワークを通じてリモートサービスに接続する必要があります。システム境界を越える別の例として、アプリケーションがファイルを読み込みまたは書き込むためにファイルシステムにアクセスするというものもあります。あるいは、システムクロックを使って現在の時刻を知る場合もそうです。

アプリケーションがシステム境界を越える際には、裏で起こっている呼び出しの低レベルのやりとりの詳細を隠すために抽象を導入する必要があります。

この場合の抽象には2つの意味があり、両方の要素がそろって初めて成功します。

- サービスクラスの代わりにサービスインタフェースを使う
- 実装の詳細に入り込まない

適切な抽象を導入することで、テストシナリオにおいて、実際のネットワークやファイルシステムを呼び出す必要がなくなります。また、クライアントコードを変更することなく、実装を入れ替えることもできます。その際に必要なのは、そのサービスインタフェースの新しい実装を書くことだけです。

まず、適切な抽象の導入に失敗した例を紹介します。FixerApiクラスをもう一度見てみましょう。これはCurlHttpClientクラスを使って、直接ネットワークを呼び出しています。

例6-14　CurlHttpClientのインスタンスを使用してAPIに接続する

```
final class FixerApi
{
    public function exchangeRateFor(
```

```
        Currency from,
        Currency to
    ): ExchangeRate {
        httpClient = new CurlHttpClient();
        response = httpClient.get(/* ... */);
        decoded = json_decode(response.getBody());
        rate = (float)decoded.rates[to.asString()];

        return ExchangeRate.from(from, to, rate);
    }
}
```

　この特定のクラスをインスタンス化して使用する代わりに、以下のようにインタフェースを定義
して、そのインスタンスをFixerApiクラスに注入することができます。

例6-15　HttpClientインタフェースを追加しFixerApiで使用する

```
interface HttpClient                                    ❶
{
    public function get(url): Response;
}

final class CurlHttpClient implements HttpClient         ❷
{
    // ...
}

final class FixerApi
{
    public function __construct(HttpClient httpClient)    ❸
    {
        this.httpClient = httpClient;
    }

    public function exchangeRateFor(
        Currency from,
        Currency to
    ): ExchangeRate {
        response = this.httpClient.get(/* ... */);        ❹
        decoded = json_decode(response.getBody());
        rate = (float)decoded.rates[to.asString()];

        return ExchangeRate.from(from, to, rate);
    }
}
```

❶　まずHTTPクライアント用のインタフェースを導入
❷　既存のCurlHttpClientがこの新しいHttpClientインタフェースを実装していることを確認
❸　具象クラスではなく、インタフェースを注入
❹　新しいインタフェースとそのget()メソッドを使用するために、コードを少し変更

　これで、HttpClientの実装を入れ替えることが可能となります。これが可能となるのは、具象
クラスではなく、インタフェースに依存しているからです。これは、いつか別のHTTPクライアン

ト の実装に切り替えたくなったときに便利です。しかし、まだ最も重要な部分を抽象化していません。もし別のAPIに乗り換えたくなったらどうなるでしょうか？ 異なるAPIが同じJSONレスポンスを送信するとは思えません。あるいは、為替レート情報を保存する独自のデータベーステーブルを自分達で管理したくなるかもしれません。その場合HTTPクライアントはもう必要ないでしょう。

低レベルの実装の詳細を取り除くために、私たちが行っていることを表す、より抽象的な名前を選ぶ必要があります。私たちは、為替レートを取得する方法を探しています。どこから取得するのでしょうか？ それを「提供（provide）」してくれるものからです。あるいは、「コレクション（collection）」のように為替レートを管理するものからです。この抽象のための良い名前はExchangeRateProvider、またはこのサービスを既知の為替レートのコレクションとみなすのであれば、単にExchangeRatesとなります。この抽象を導入した様子を次のリストに示します。

例6-16 ExchangeRates抽象サービスの導入

```
/**
 * 「質問」のためのメソッドを抽出し、`ExchangeRates`抽象サービスのパブリックメソッドとする:
 */
interface ExchangeRates
{
    public function exchangeRateFor(
        Currency from,
        Currency to
    ): ExchangeRate;
}

final class FixerApi implements ExchangeRates          ❶
{
    private HttpClient httpClient;

    public function __construct(HttpClient httpClient)
    {
        this.httpClient = httpClient;
    }

    public function exchangeRateFor(
        Currency from,
        Currency to
    ): ExchangeRate {
        response = this.httpClient.get(/* ... */);
        decoded = json_decode(response.getBody());
        rate = (float)decoded.data.rate;

        return ExchangeRate.from(from, to, rate);
    }
}

final class CurrencyConverter
{
    private ExchangeRates exchangeRates;

    public function __construct(ExchangeRates exchangeRates)  ❷
```

```
    {
        this.exchangeRates = exchangeRates;
    }

    // ...

    private function exchangeRateFor(
        Currency from,
        Currency to
    ): ExchangeRate {
        return this.exchangeRates.exchangeRateFor(from, to); ❸
    }
}
```

❶ 既存の FixerApi クラスは、新しい ExchangeRates インタフェースを実装する必要がある。
❷ FixerApi オブジェクトの代わりに ExchangeRates インスタンスを注入できるようになった。
❸ ここで新しいサービスを使用して、探している答えを得ることができる。

プライベートの exchangeRateFor() メソッドは単に ExchangeRates サービスを呼び出しているだけですので、最後の改善点としてこのメソッドへの呼び出しをすべてインライン化すべきです。

既存のクラスに対してインタフェースを定義することで、抽象化を成功させるための最初のステップを実行しました。インタフェースの背後にすべての実装の詳細を隠蔽することで、その次のステップも実行しました。つまり、為替レートを取得するための適切な抽象が手に入りました。これには2つの利点があります。

- 為替レートの提供元を簡単に変更できます。新しいクラスが ExchangeRates インタフェースを正しく実装している限り、CurrencyConverter は ExchangeRates インタフェースに依存しているので修正する必要がありません。
- CurrencyConverter のユニットテストを書く際、ネットワーク接続を行わないような ExchangeRates のテストダブルを注入することが可能となります。これによってテストは高速で安定したものになります。

ところで、SOLID 原則を知っている人なら、サービスの依存関係を抽象化するための同様のルールである**依存性逆転の原則**（dependency inversion principle）もご存じでしょう。これについては、Robert C. Martin の本や記事で詳しく知ることができます[3]。

すべての質問が独自のサービスに値するわけではない

前の例において、「為替レートは何か？」という質問は、そのためのサービスを作成するのに

---

[3]　たとえば、Robert C. Martin "The Dependency Inversion Principle"（http://mng.bz/9woa）があります。SOLID 原則に関するほかの記事は、http://mng.bz/j50y にあります。

値することは明らかでした。それはアプリケーション自身が答えることができない質問でした。しかし、ほとんどの場合、質問をする必要があるからといって、すぐに新しいオブジェクトを導入するべきではありません。次のような代替案も考えてみてください。

1. 変数名をより良いものに変更することで、コードの内部で行われるやりとりを改善する。
2. 質問とその答えを表すプライベートメソッドを抽出する（先ほどロジックをプライベートの`exchangeRateFor()`メソッドに移動したように）。

メソッドが大きくなりすぎたり、個別にテストする必要があったり、システムの境界を越える場合のみ、そのメソッドのために別のクラスを作成する必要があります。こうすることで、関係するオブジェクトの数を制限でき、何が起きているかを把握するのに多くのクラスを確認する必要がなくなるため、コードが読みやすくなります。

練習問題

4. サービスを抽象化する際に、次のうちのどの2つを行うべきでしょうか?
   a. サービスの抽象クラスを作成する。
   b. サービスのインタフェースを作成する。
   c. 実装者に低レベルの実装の詳細を隠蔽する余地を与えるような高レベルな名前をつける。
   d. 抽象サービスに対して、少なくとも2つの実装を提供する。

6.6　クエリメソッドのテストダブルにはスタブを使う

クエリに対して抽象を導入するということは、そこで拡張が可能になることを意味します。答えをどのように見つけるのか、その実装の詳細を簡単に変更できます。そのロジックのテストもより簡単になります。インターネット接続（とリモートサービス）が利用できるときにしか`CurrencyConverter`サービスをテストできない代わりに、注入される`ExchangeRates`サービスを、あらかじめ答えを持っていて予測可能な振る舞いをするサービスに置き換えてロジックをテストできるようになりました。

例6-17　`ExchangeRatesFake`を使った`CurrencyConverter`のテスト

```
final class ExchangeRatesFake implements ExchangeRates     ❶
{
    private array rates = [];

    public function __construct(
        Currency from,
```

```
            Currency to,
            float rate
        ) {
            this.rates[from.asString()][to.asString()] =
                ExchangeRate.from(from, to, rate);
        }

        public function exchangeRateFor(
            Currency from,
            Currency to
        ): ExchangeRate {
            if (!isset(this.rates[from.asString()][to.asString()])) {
                throw new RuntimeException(
                    'Could not determine exchange rate from [...] to [...]'
                );
            }
            return this.rates[from.asString()][to.asString()];
        }
    }

    /**
     * @test
     */
    public function it_converts_an_amount_using_the_exchange_rate(): void ❷
    {
        exchangeRates = new ExchangeRatesFake();                          ❸
        exchangeRates.setExchangeRate(
            new Currency('USD'),
            new Currency('EUR'),
            0.8
        );

        currencyConverter = new CurrencyConverter(exchangeRates);         ❹

        converted = currencyConverter
            .convert(new Money(1000, new Currency('USD')), new Currency('EUR'));

        assertEquals(new Money(800, new Currency('EUR')), converted);
    }
```

❶ これは ExchangeRates サービスの「フェイク」実装で、任意の為替レートを返すように設定できる。
❷ CurrencyConverter のユニットテストでは、このフェイクを使用できる。
❸ フェイク ExchangeRates サービスをセットアップする。
❹ このフェイクサービスを CurrencyConverter に注入する。

　このようにテストを設定することで、ネットワーク接続やJSONレスポンスのパースなどに関わるすべてのロジックではなく、convert() メソッドのロジックだけに集中できます。これによってテストが決定論的で安定したものになります。

テストメソッドの命名

例6-17では、テストメソッドの名前をいわゆるスネークケース（小文字をアンダースコアで区切ったもの）にしています。もし標準的な命名規約に従うとすると、itConvertsAnAmountUsingTheExchangeRate()となるでしょう。また、ほとんどの規約では比較的短い名前を使うことを推奨されていますが、it_converts_an_amount_using_the_exchange_rate()は決して短いものではありません。テストメソッドの目的は通常のメソッドとは異なるので、解決策はテストメソッド名でも同じ規約を使うのではなく、テストメソッドに対して別の規約を設けることです。

1　テストメソッド名は、オブジェクトの振る舞いを記述するものです。そのため文章で記述するのが最善です。
2　文章で記述するため、テストメソッド名は通常のメソッド名よりも長くなります。しかし、それでも読みやすくなければなりません（そのためスネークケースを使用します）。

これらのルールに慣れていない場合は、テストメソッド名をit_で始めるとよいでしょう。こうすることで特定のオブジェクトの振る舞いを記述するという心構えになるはずです。これは良い出発点ですが、すべてのテストメソッドで必ずしもit_から始める必要はないということにもいずれ気がつくでしょう。たとえば、when_やif_で始めても大丈夫です。

フェイクはテストダブルの一種であり、実運用で使用される本物の実装と同じように「やや複雑な」振る舞いを表すという特徴があります。テスト時には、**スタブ**を使って実際のサービスを置き換えることもできます。スタブとは、ハードコードされた値を返すだけのテストダブルのことです。つまり、exchangeRateFor()メソッドを呼び出すといつでも、次のように同じ値を返します。

例6-18　ExchangeRatesStubは常に同じ値を返す

```
final class ExchangeRatesStub                    ❶
{
    public function exchangeRateFor(
        Currency from,
        Currency to
    ): ExchangeRate {
        return ExchangeRate.from(from, to, 1.2); ❷
    }
}
```

❶　ExchangeRatesのスタブ実装の例。
❷　戻り値はハードコードされている。

　スタブやフェイクの重要な特徴として、テストシナリオにおいて、スタブやフェイクへの呼び出し回数や呼び出しの順番については一切アサートできませんし、すべきでもないというものがあります。クエリメソッドの性質上、副作用はないはずですので、呼び出す回数は何度でも、たとえ0回であっても問題ないはずです。クエリメソッドの呼び出しについてアサートするということは、テスト対象のクラスの実装の詳細に近すぎるテストを生み出すことになります。

　コマンドメソッドの場合はその逆で、呼び出しが行われたかどうか、何回行われたか、そしてどのような順番で行われたかを検証することになります。これについては、次の章で説明します。

モッキングツールをフェイクやスタブの作成に使ってはいけない

　モッキングフレームワークは、テストダブルを作成するためによく使われます。しかし、このようなフレームワークを使用してフェイクやスタブを作成することはお勧めしません。定型文の行数を減らすことができるかもしれませんが、その代償として読みにくく保守しにくいコードになってしまいます。

　モッキングツールを使いたい場合でも、**ダミー**（つまり、意味のあるものを返さず、未使用の引数として渡されるだけのテストダブル）を作成するためだけに使用することをお勧めします。スタブやフェイクの場合、モッキングツールは通常、良い設計の邪魔になります。モッキングツールは、あるクエリメソッドが呼ばれたかどうかや、何回呼ばれたかを検証しますが、これを使うことでリファクタリングが困難になります。なぜなら、しばしばメソッド名を文字列で指定しなければならず、リファクタリングツールがそれを実際のメソッド名として認識できない可能性があるからです。

　為替レートを取得するためにHTTP接続を使用する実際の実装をテストすることも忘れてはいけません。それが正しく動作することをテストしなければなりません。しかし、ここではロジック自体をテストする必要はありません。実装が外部サービスとうまく通信する方法を知っているかどうかだけを確認すればよいのです。

例6-19　`FixerApi`のテストは統合テストとなる

```
/**
 * @test
 */
public function it_retrieves_the_current_exchange_rate(): void
{
    exchangeRates = new FixerApi(new CurlHttpClient());

    exchangeRate = exchangeRates.exchangeRateFor(
        new Currency('USD'),
        new Currency('EUR')
```

```
    );
    // ここで結果を検証。
}
```

　この種のテストをより安定させるためには、まだいくつかの努力が必要でしょう。実際の為替レートサーバを再現するために、独自の為替レートサーバを構築する必要があるかもしれません。あるいは、実際のサービスのメンテナーが提供するサンドボックス環境を利用できる場合もあるでしょう。

　このテストはもはやユニットテストではないという点に注意しましょう。これはメモリ上のオブジェクトの振る舞いをテストしません。その代わりにこれは**統合テスト**と言えます。なぜなら、これはオブジェクトが依存している外の世界との統合をテストするからです。

6.7　クエリメソッドからはコマンドメソッドは呼び出さず、ほかのクエリメソッドのみを呼び出す

　以前説明したように、コマンドメソッドは副作用を持つことができます。コマンドメソッドは、何かを変更する、何かを保存する、メールを送るといったことをします。一方クエリメソッドは、そのようなことはしません。ただ情報の断片を返すだけです。通常クエリメソッドは、要求された答えを得るために、いくつかのオブジェクトと協力する必要があります。コマンドメソッドとクエリメソッドの区別を正しく行えば、クエリメソッドの呼び出しから始まる一連の呼び出しの中にコマンドメソッドの呼び出しが含まれることはありません。なぜならクエリは副作用を持たないはずであり、一連のメソッド呼び出しのどこかでコマンドメソッドを呼び出すと、そのルールに違反することになるからです（**図6-2**参照）。

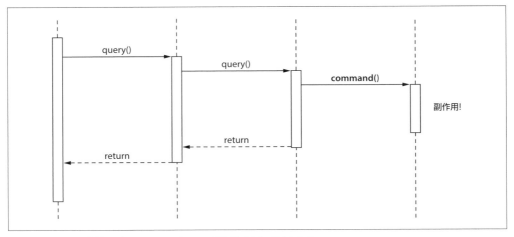

図6-2　クエリの背後で隠れてコマンドメソッドを呼び出してはならない

　このルールには、いくつかの例外があります。たとえばWebアプリケーションのコントローラメソッドが、新しいユーザーを登録するために呼ばれるとしましょう。このメソッドには副作用があります。つまり一連のコマンドのどこかで、新しいユーザーレコードがデータベースに保存されることになります。通常であれば、コマンドメソッドであるコントローラの戻り値はvoid型となるべきですが、Webアプリケーションは常にHTTPレスポンスを返す必要があります。そのためコントローラは何かを返さなければなりません。

例6-20　コントローラは常に何かを返す

```
final class RegisterUserController
{
    private RegisterUser registerUser;

    public function __construct(
        RegisterUser registerUser
    ) {
        this.registerUser = registerUser;
    }

    public function execute(Request request): Response
    {
        newUser = this.registerUser
            .register(request.get('username'));

        return new Response(200, json_encode(newUser));
    }
}
```

　厳密に言えば、このコントローラはコマンドクエリ分離原則に違反していますが、これを回避する方法はありません。最低限、空の200 OKレスポンスなどを返す必要があります。しかし、それではフロントエンドにとってあまり意味がありません。フロントエンドは「ユーザーを登録する」POSTリクエストを行い、新しく作成されたユーザーを表すJSON構造を持つレスポンスを受け取りたいと思うでしょう。

　このケースを解決するには、コントローラの処理を2つのパートに分ける必要があります。新しいユーザーを登録することと、それを返すことです。できればRegisterUserサービスを呼び出す前にユーザーの新しいIDを決定しておくと、サービスは何も返す必要がなく、真のコマンドメソッドにできます。この様子を次のリストに示します。

例6-21　コントローラは、コマンド部分とクエリ部分に分けることができる

```
final class RegisterUserController
{
    private UserRepository userRepository;
    private RegisterUser registerUser;
    private UserReadModelRepository userReadModelRepository;

    public function __construct(
```

```
        UserRepository userRepository,
        RegisterUser registerUser,
        UserReadModelRepository userReadModelRepository
    ) {
        this.userRepository = userRepository;
        this.registerUser = registerUser;
        this.userReadModelRepository = userReadModelRepository;
    }

    public function execute(Request request): Response
    {
        userId = this.userRepository.nextIdentifier();

        this.registerUser
            .register(userId, request.get('username'));      ❶

        newUser = this.userReadModelRepository.getById(userId); ❷

        return new Response(200, json_encode(newUser));
    }
}
```

❶ register()はコマンドメソッド
❷ getById()はクエリメソッド

時にはCQSが意味をなさないこともある

　ほとんどの場合、コマンドクエリ分離原則に従うのがベストだと思いますが、これを絶対に逸脱してはならないルールとするべきではありません。実際どんなプログラミングのルールであってもそのようなものはありません。

　CQSに従うことが必ずしも良いとは限らない領域としてよく遭遇するのが並行処理です。例として、次のnextIdentity()メソッドを使います。これは、これから保存するエンティティのために、一意のIDを生成します。IDは1、2、3という数値列で次に利用可能な数値です。

```
final class EntityRepository
{
    public function nextIdentity(): int
    {
        // ...
    }
}
```

　2つのクライアントがこのメソッドを呼び出しても、それらが同じIDを受け取ってはいけません。互いのエンティティデータを上書きしてしまう可能性があるからです。nextIdentity()を呼び出すと、整数値を返すと同時に、返された整数値を「使用済み」として記録する必要があります。しかし、それではこのメソッドはCQSに違反することになります。このメソッドは情

報を返し、**加えて**タスクを実行しています。これによってシステムの状態に目に見える形で影
響を与えています。もう一度このメソッドを呼び出すと、別の答えが返ってきます。

　依然としてCQSに従う方法を考えることもできますが、そうするとコードがかなり複雑にな
ると思います[†4]。このような場合はCQSを捨て、理に適った方法でメソッドを実装しましょう。

6.8　まとめ

- クエリメソッドは、情報の断片を取得するために使用できるメソッドです。クエリメソッド
は単一の型の戻り値を持つべきです。nullを返してもよいですが、nullオブジェクトや空リ
ストを返すなど、代替となる手段を探すようにしましょう。代わりに例外を投げることもで
きます。クエリメソッドは、オブジェクトの内部をできるだけ露出させないようにしましょう。
- 質問したいこと、得たい答えのそれぞれについて、特化したメソッドと戻り値を定義しましょ
う。質問に対する答えがシステムの境界を越えることでしか得られない場合は、これらのメ
ソッドに対する抽象（実装の詳細を含まないインタフェース）を定義しましょう。
- 情報を取得するクエリを使用するサービスをテストする場合、それらを自分で書いたフェイ
クやスタブに置き換えましょう。ただしクエリメソッドが実際に呼び出されていることをテ
ストしないように注意しましょう。

6.9　練習問題の解答

1.　正解：a、c、d。選択肢bは戻り値がvoid型ですので、クエリメソッドではありません。

2.　正解：bとc。クエリメソッドは副作用を発生させないことが明白でないといけません。クエリメソッ
ドは、それがたとえnullであれ常に戻り値を持つので、戻り値にvoid型を持つことはできません。

3.　模範解答

```
final class Line
{
    // ... ❶

    public function amount(): Money
    {
        return new Money(
            line.quantity() * line.tariff()
```

†4　この状況についてや考えられる解決策について詳しく知りたい方は、Mark Seemannの記事 "CQS versus
server generated IDs"（2014年、http://mng.bz/Q0nQ）をご覧ください。

```
        );
    }
}
final class Order
{
    // ... ❷

    public function totalAmount(): Money
    {
        totalAmount = new Money(0);

        foreach (this.lines() as line) {
            totalAmount = totalAmount.add(
                line.amount()
            );
        }

        return totalAmount;
    }
}
```

❶ ここでは tariff() と quantity() を削除して、これらのデータをプライベートにするのが良い。
❷ lines() も削除して、lines 配列と Line オブジェクトをプライベートにするのが良い。

4. 正解：b と c。抽象クラスでは、実装の一部は定義されます。それでは具象サブクラスと同じになっ
    てしまうので、抽象クラスは好ましくはありません。また、インタフェースの実装を複数用意する必
    要もありません。

7章
タスクの実行

本章の内容

- コマンドメソッドによるタスクの実行
- イベントとイベントリスナによる大きなタスクの分割
- コマンドメソッドでの失敗の処理
- コマンドメソッド呼び出しに対する抽象の導入
- コマンドメソッド呼び出しに対するテストダブルの作成

オブジェクトから情報を取得する以外にも、オブジェクトを使用してさまざまなタスクを実行できます。

- リマインダーメールの送信
- データベースへのレコードの保存
- ユーザーのパスワードの変更
- ディスクへのデータの保存
- など...

以降の節では、このようなタスクを実行するメソッドに関するルールを説明します。

7.1　コマンドメソッドには命令形の名前を使う

　情報を取得するためにクエリメソッドをどう使うべきかはすでに説明しました。クエリメソッドは特定の戻り値を持ち、副作用がないため、何度呼び出してもアプリケーションの状態は変わりません。

　タスクを実行するには、常にコマンドメソッドを使用する必要があります。コマンドメソッドの

戻り値はvoid型です。このようなメソッドの名前は、クライアントがそのメソッド名が示すタスクを実行するようにオブジェクトに命令できることを示すものでなければなりません。良い名前を探すときは、常に命令形を使用するようにしましょう。次のリストにいくつかの例を示します。

例7-1　命令形の名前を持つコマンドメソッド

```
public function sendReminderEmail(
    EmailAddress recipient,
    // ...
): void {
    // ...
}

public function saveRecord(Record record): void
{
    // ...
}
```

7.2　コマンドメソッドでやることを限定し、イベントを使用して二次的なタスクを実行する

タスクを実行するときは、ひとつのメソッドで多くのことを行わないようにしましょう。メソッドが大きすぎるかどうかを判断するための、いくつかの指針となる質問を紹介します。

- メソッド名に「and」を含むべきと思われる、もしくは実際に含まれているでしょうか？ これは主な仕事以外のことを行っていると示唆しています。
- すべてのコード行は主な仕事に貢献しているでしょうか？
- そのメソッドが行う作業の一部をバックグラウンドプロセスで実行することは可能でしょうか？

次のリストは、あまりにも多くのことを行うメソッドを示しています。このメソッドはユーザーのパスワードを変更しますが、それに関する電子メールも送信しています。

例7-2　changePassword()は多くのことをやりすぎている

```
public function changeUserPassword(
    UserId userId,
    string plainTextPassword
): void {
    user = this.repository.getById(userId);
    hashedPassword = /* ... */;
    user.changePassword(hashedPassword);
    this.repository.save(user);
    this.mailer.sendPasswordChangedEmail(userId);
}
```

これは先の質問の答えがすべてのケースで「はい」となる非常に一般的なシナリオです。

- メソッド名は、ユーザーのパスワードを変更する以外に、電子メールを送信するという事実を隠しています。changeUserPasswordAndSendAnEmailAboutIt() という名前の方が適切でしょう。
- 電子メールを送ることは、このメソッドの主な仕事とはみなされません。パスワードの変更が主な仕事です。
- 電子メールの送信は、バックグラウンドで実行されるほかのプロセスで簡単に行うことができます。

ひとつの解決策は、メール送信のコードを新しいパブリックのsendPasswordChangedEmail()メソッドに移すことです。しかし、これはそのメソッドを呼び出す責任をchangeUserPassword()のクライアントに転嫁することになります。大局的に考えると、これら2つのタスクは本当に一緒にあるべきものです。ただ、ひとつのメソッドに混在させたくはありません。

推奨される解決方法は、パスワードを変更することと、それに関するメールを送信することを結び付けるものとしてイベントを使用することです。

例7-3　イベントを使用してタスクを複数に分割する

```
final class UserPasswordChanged                    ❶
{
    private UserId userId;

    public function __construct(UserId userId)
    {
        this.userId = userId;
    }

    public function userId(): UserId
    {
        return this.userId;
    }
}

public function changeUserPassword(
    UserId userId,
    string plainTextPassword
): void {
    user = this.repository.getById(userId);
    hashedPassword = /* ... */;
    user.changePassword(hashedPassword);
    this.repository.save(user);

    this.eventDispatcher.dispatch(           ❷
        new UserPasswordChanged(userId)
    );
}
```

```
final class SendEmail
{
    // ...
    public function whenUserPasswordChanged( ❸
        UserPasswordChanged event
    ): void {
        this.mailer.sendPasswordChangedEmail(event.userId());
    }
}
```

❶　ユーザーがパスワードを変更したことを、UserPasswordChanged イベントオブジェクトで表現できる。
❷　パスワード変更後、UserPasswordChanged イベントを発行し、ほかのサービスが対応できるようにする。
❸　SendEmail は、UserPasswordChanged イベントのイベントリスナ。イベントが通知されると、このリスナ
　　はメールを送信する。

　SendEmail のようなイベントリスナサービスを登録できるイベントディスパッチャが必要になります。ほとんどのフレームワークではイベントディスパッチャが利用できますし、次のような簡単なものを自分で書くこともできます。

例7-4　EventDispatcherの実装例

```
final class EventDispatcher
{
    private array listeners;

    public function __construct(array listenersByType)
    {
        foreach (listenersByType as eventType => listeners) {
            Assertion.string(eventType);
            Assertion.allIsCallable(listeners);
        }

        this.listeners = listenersByType;
    }

    public function dispatch(object event): void
    {
        foreach (this.listenersFor(event.className) as listener) {
            listener(event);
        }
    }

    private function listenersFor(string event): array
    {
        if (isset(this.listeners[event])) {
            return this.listeners[event];
        }

        return [];
    }
}

listener = new SendEmail(/* ... */);
dispatcher = new EventDispatcher([
```

```
    UserPasswordChanged.className =>
        [listener, 'whenUserPasswordChanged']
]);

dispatcher.dispatch(new UserPasswordChanged(/* ... */)); ❶
```

❶ UserPasswordChangedイベントのイベントリスナとしてSendEmailを登録したので、このイベントを発行すると、SendEmail.whenUserPasswordChanged()の呼び出しがトリガされる。

このようにイベントを使用すると、いくつかの利点があります。

- 元のメソッドを変更することなく、さらに多くの処理を追加できます。
- 元のオブジェクトには二次的なタスクにのみ必要な依存性は注入されないので、より疎結合になります。
- 必要であれば、二次的なタスクの処理はバックグラウンドプロセスで扱うことができます。

イベントを使うことの欠点は、主なタスクと二次的なタスクがコードベースの離れた場所に実装される可能性があることです。これは、将来的にコードを読む人が、何が起こっているのかを理解するのが難しくなる可能性があります。この問題を克服するために、次の2つのことを行う必要があります。

- アプリケーションを疎結合にするためにイベントが使われていることを、みんなに知ってもらいましょう。そうすることで、コードが何を行っているかを理解しようとする人は、イベントオブジェクトを探し、IDEの「使用箇所の検索」機能を使って、これらのイベントに関心のあるほかのサービスを見つけることができるでしょう。
- 例7-3で行われているように、イベントは常に明示的に発行されるようにしましょう。EventDispatcher.dispatch()の呼び出しは、これから何かが起こるという強いシグナルになります。

練習問題

1. 次のコマンドメソッドのどの部分が、イベントリスナで処理できる二次的なタスクだと考えられますか?

```
final class RegisterUser
{
    // ...

    public function register(
        EmailAddress emailAddress,
        PlainTextPassword plainTextPassword
    ): void {
        hashedPassword = this.passwordHasher
```

```
                .hash(plainTextPassword);

        userId = this.userRepository.nextIdentity();
        user = User.create(userId, emailAddress, hashedPassword);

        this.mailer.sendEmailAddressConfirmationEmail(
            emailAddress
        );

        this.userRepository.save(user);

        this.uploadService.preparePersonalUploadFolder(userId);
    }
}
```

a. 平文パスワードのハッシュ化

b. Userエンティティの作成

c. メールアドレス確認メールの送信

d. Userエンティティの保存

e. ユーザーの個人用アップロードフォルダの用意

7.3　外部からだけでなく内部からもサービスをイミュータブルにする

　サービスの依存関係や設定の変更は不可能であるべきだというルールについては、すでに説明しました。一度インスタンス化されたサービスオブジェクトは、異なるデータまたは異なる文脈において、複数の異なるタスクを同じように実行できるように再利用可能であるべきです。呼び出しのたびに振る舞いが変わるようなことがあってはなりません。これは、クエリメソッドを提供するサービスでも、コマンドメソッドを提供するサービスでも同じです。

　たとえサービスの依存関係や設定を操作する方法をクライアントに提供していなくても、コマンドメソッドによってサービスの状態が変更され、その後の呼び出しで振る舞いが変わる可能性があります。たとえば、次のMailerサービスは確認メールを送信しますが、どのユーザーがすでにそのようなメールを受け取ったかを記憶しています。同じメソッドを何度呼び出しても、メールを送信するのは一度だけです。

例7-5　受け取り済みユーザーのリストを保持するMailerサービス

```
final class Mailer
{
    private array sentTo = [];

    // ...
```

```
    public function sendConfirmationEmail(
        EmailAddress recipient
    ): void {
        if (in_array(recipient, this.sentTo)) {
            return;                              ❶
        }

        // ここでメールを送信。

        this.sentTo[] = recipient;

    }
}
mailer = new Mailer(/* ... */);
recipient = EmailAddress.fromString('info@matthiasnoback.nl');

mailer.sendConfirmationEmail(recipient); ❷

mailer.sendConfirmationEmail(recipient); ❸
```

❶ メールを再送信しない。
❷ ここでは確認メールが送信される。
❸ 2回目の呼び出しでは、もうメールは送信されない。

このように振る舞いに影響を与えるように内部状態を変更するサービスがないようにしましょう。

この点でサービスが適切に動作しているかどうかを判断する際の指針となる質問は、「すべてのメソッド呼び出しに対してサービスをインスタンス化し直しても、同じ振る舞いを示すかどうか？」です。先ほどのMailerクラスの場合、これは明らかに成り立ちません。再度インスタンス化すると、同じユーザーに複数のメールが送信されることになります。

ステートフルなMailerサービスの場合、「sendConfirmationEmail()が重複して呼び出されることをどう防ぐか？」ということを念頭に置いています。つまり、クライアントがこの問題に対処できるほど賢くないと想定しているわけです。もし、クライアントがひとつのEmailAddressを渡す代わりに、重複を排除したEmailAddressインスタンスのリストを渡せるとしたらどうでしょうか？そのために、次のRecipientsクラスのようなものを使うことができます。

例7-6 Recipientsは重複排除されたメールアドレスのリストを提供できる

```
final class Recipients
{
    /**
     * @var EmailAddress[]
     */
    private array emailEmailAddresses;

    /**
     * @return EmailAddress[]
     */
    public function uniqueEmailAddresses(): array
    {
        // 重複を取り除いたメールアドレスのリストを返す。
```

```
    }
}

final class Mailer
{
    public function sendConfirmationEmails(
        Recipients recipients
    ): void {
        foreach (recipients.uniqueEmailAddresses()
            as emailAddress) {
            // メールを送る。
        }
    }
}
```

　こうすることで、たしかに問題は解決され、Mailerサービスは再びステートレスになります。しかし、実際に必要なのは、MailerにuniqueEmailAddresses()への呼び出しをさせることではなく、メールアドレスの重複のないRecipientsのリストなのです。このドメイン不変条件を保護するための最もエレガントな場所はRecipientsクラス自体の内部です。

例7-7　より効果的なRecipientsの実装

```
final class Recipients
{
    /**
     * @var EmailAddress[]
     */
    private array emailAddresses;

    private function __construct(array emailAddresses)
    {
        this.emailAddresses = emailAddresses;
    }

    public static function emptyList(): Recipients        ❶
    {
        return new Recipients([]);
    }

    public function with(EmailAddress emailAddress): Recipients ❷
    {
        if (in_array(emailAddress, this.emailAddresses)) {
            return this;                                  ❸
        }

        return new Recipients(
            array_merge(this.emailAddresses),
            [emailAddress]
        );
    }

    public function emailAddresses(): array               ❹
    {
```

```
            return this.emailAddresses;
        }
}
```

❶ 常に空のリストから開始する。
❷ クライアントがメールアドレスを追加する時は、そのメールアドレスがまだリストにない場合のみ追加される。
❸ メールアドレスを再度追加する必要がない場合。
❹ uniqueEmailAddresses()メソッドもはや不要。

イミュータブルなサービスとサービスコンテナ

　サービスコンテナは、一度作成したサービスインスタンスをすべて共有するように設計されていることが多いです。こうすることで、ランタイムが同じサービスを再びインスタンス化することを防ぎ、ほかのサービスの依存関係として再利用できるようにしています。しかし、サービスがイミュータブルであれば（そうあるべきです）、このように共有することはあまり必要ではありません。何度でもそのサービスをインスタンス化できます。

　もちろん、サービスコンテナの中には、依存関係として使用されるたびにインスタンス化すべきでないサービスも存在します。たとえば、データベース接続オブジェクトやそのほかのリソースへの参照は、一度作成した後に依存するサービス間で共有する必要があります。しかし、一般的にはサービスは共有する必要はありません。これまでのアドバイスに従ってサービスをイミュータブルにしていれば共有しなくても問題ありません。共有しても良いですが、必須ではありません。

練習問題

2. サービスがイミュータブルであることを妨げるものは何でしょうか？
   a. サービスのメソッドを呼び出すことで、省略可能な依存関係を注入できるようにすること。
   b. サービスのメソッドを呼び出すことで、設定値を変更できるようにすること。
   c. コマンドメソッドを呼び出すようなクエリメソッドを提供すること。
   d. コンストラクタ引数が多すぎること。
   e. クライアントがサービスのメソッドを呼び出したときに、何らかの内部状態を変更すること。

7.4　問題が発生したら例外を投げる

　情報を取得する際にもあったこのルールは、タスクを実行する際にも当てはまります。何か問題が発生した場合は、それを示す特別な値を返すのではなく、例外を投げましょう。以前説明したように、メソッドに事前条件チェックを設けることで、InvalidArgumentExceptionやLogicExceptionを投げることができます。それ以外の失敗シナリオについては、それが発生するかどうかを前もって判断できないので、RuntimeExceptionを投げます。例外を使用する際のほかの重要なルールについては「5.2 例外に関するルール」ですでに説明しました。

練習問題

3.　IDがすでに使われていてProductエンティティを保存できない場合、save()がどのような例外を投げることを期待しますか？

```
interface ProductRepository
{
    public function save(Product product): void;
}
```

a.　InvalidArgumentException。クライアントが無効なProduct引数を指定したため。

b.　RuntimeException。引数の検査だけでは、そのIDのProductエンティティがすでに存在するかどうか判断できないため。

4.　keyに空の文字列が指定された場合、set()がどのような例外を投げることを期待しますか？

```
interface Cache
{
    public function set(string key, string value): void;
}
```

a.　InvalidArgumentException。クライアントが無効な引数を指定したため。

b.　RuntimeException。keyの値が何になるべきかはクライアントが実行時に決定するかもしれないため。

7.5　情報を収集するためにクエリを使用し、その次のステップに進むためにコマンドを使用する

　以前、クエリメソッドについて説明したときに、クエリメソッドの呼び出しから始まる一連のメソッド呼び出しの中にコマンドメソッドへの呼び出しが含まれないことを見てきました。コマンドメソッドは副作用を発生させる可能性があり、クエリメソッドは副作用を発生させないというルー

ルに反するからです。

　さて、ここまでコマンドメソッドについて議論してきましたが、コマンドメソッドには逆に
このようなルールはないことに注意しましょう。コマンドメソッドから始まる一連の呼び出
しの中にクエリメソッドへの呼び出しが含まれることはあり得ます。たとえば、先ほど見た
`changeUserPassword()`メソッドは、ユーザーリポジトリへのクエリから始まっています。

例7-8　`changeUserPassword()`はクエリで始まり、タスクを実行する

```
public function changeUserPassword(
    UserId userId,
    string plainTextPassword
): void {
    user = this.repository.getById(userId);
    hashedPassword = /* ... */;
    user.changePassword(hashedPassword);
    this.repository.save(user);
    this.eventDispatcher.dispatch(
        new UserPasswordChanged(userId)
    );
}
```

　その次のメソッド呼び出しは、ユーザーオブジェクトの`changePassword()`で、さらにその次
にリポジトリに対して別のコマンドを呼び出しています。リポジトリの実装の内部では、再びコマ
ンドメソッドが呼び出されるかもしれませんし、クエリメソッドが呼び出されている可能性もあり
ます（**図7-1**を参照）。

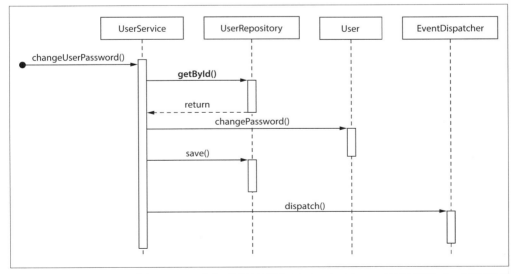

図7-1　コマンドメソッドの内部では、より多くの情報を取得するためにクエリメソッドを呼び出している可能性が
ある

　しかし、オブジェクトどうしがコマンドメソッドやクエリメソッドを呼び出す際には、**図7-2**に示すようなパターンには注意が必要です。このような呼び出しパターンは、しばしば、呼び出されたオブジェクトの内部で完結できることを、オブジェクト間でやりとりしてしまっているということを示しています。次のような例を考えてみましょう。

```
if (obstacle.isOnTheRight()) {
    player.moveLeft();
} elseif (obstacle.isOnTheLeft()) {
    player.moveRight();
}
```

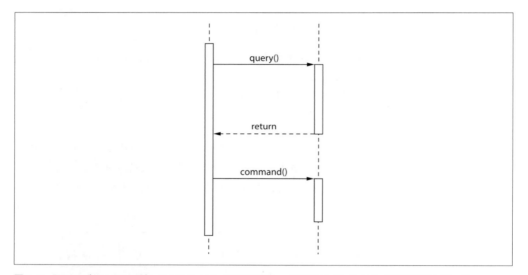

図7-2　同じオブジェクトに対してクエリメソッドを呼び出し、その後コマンドメソッドを呼び出している

　次のコードは、先のコードを改善したもので、どの行動を取るべきかという知識が完全にオブジェクトの中にあります[1]。

```
player.evade(obstacle);
```

　このオブジェクトでは、どの行動を取るべきかという知識を自分自身の中にとどめておくことができています。こうすることで、より複雑な動作が必要になった場合に、実装を自由に進化させることができます。

---

†1　訳注：メソッド名に使われている「evade」は避けるという意味の単語。

7.6　システム境界を越えるコマンドに対する抽象を定義する

　コマンドメソッドに、アプリケーションの境界を越えるコードがある場合（つまりリモートサービス、ファイルシステム、システムデバイスなどを使用する場合）、抽象を導入する必要があります。たとえば次のリストではキューにメッセージを発行するコードを示しています。これにより、バックグラウンドのコンシューマはメインアプリケーション内の重要なイベントを購読できます。

例7-9　SendMessageToRabbitMQはキューにメッセージを発行する

```
final class SendMessageToRabbitMQ
{
    // ...

    public function whenUserChangedPassword(
        UserPasswordChanged event
    ): void {
        this.rabbitMqConnection.publish(
            'user_events',
            'user_password_changed',
            json_encode([
                'user_id' => (string)event.userId()
            ])
        );
    }
}
```

　publish()メソッドはRabbitMQサーバにアクセスし、そのキューにメッセージを発行しますが、これはアプリケーションの境界の外側にあるため、ここで抽象化が必要になります。以前述べたように、これにはインタフェースとより高レベルの概念が必要です。たとえば、メッセージをキューに入れたいという概念は維持したうえで、次のようなQueueという抽象を導入できます。

例7-10　QueueはSendMessageToRabbitMQで使用される抽象

```
interface Queue                                  ❶
{
    public function publishUserPasswordChangedEvent(
        UserPasswordChanged event
    ): void;
}

final class RabbitMQQueue implements Queue ❷
{
    // ...

    public function publishUserPasswordChangedEvent(
        UserPasswordChanged event
    ): void {
        this.rabbitMqConnection.publish(
            'user_events',
            'user_password_changed',
            json_encode([
```

```
                    'user_id' => (string)event.userId()
            ])
        );
    }
}

final class SendMessageToRabbitMQ              ❸
{
    private Queue queue;

    public function __construct(Queue queue)
    {
        this.queue = queue;
    }

    public function whenUserPasswordChanged(
        UserPasswordChanged event
    ): void {
        this.queue.publishUserPasswordChangedEvent(event);
    }
}
```

❶　Queueは抽象。
❷　Queueの標準的な実装はRabbitMQQueueで、もともと持っていたコードが含まれている。
❸　UserPasswordChangedイベントが発生するたびにキューにメッセージを発行するイベントリスナは、新し
　　い抽象を依存関係として使う。

　最初のステップは、**抽象（abstraction）**を導入することでした。Queueにさらにpublish...Event()
メソッドを追加していくと、これらのメソッドが似ていることに気付くでしょう。そして、これら
のメソッドをより汎用的にするために**汎化（generalization）**[†2]を適用できます。その場合、すべて
のイベントに対する標準的なインタフェースを定義する必要があるでしょう。

例7-11　発行可能なイベントのためのCanBePublishedインタフェース

```
interface CanBePublished
{
    public function queueName(): string;
    public function eventName(): string;
    public function eventData(): array;
}

final class RabbitMQQueue implements Queue
{
    // ...

    public function publish(CanBePublished event): void
    {
        this.rabbitMqConnection.publish(
            event.queueName(),
            event.eventName(),
```

[†2]　訳注：特定目的のプログラム要素を汎用の再利用可能ソフトウェア部品へと洗練するプロセス。『オブジェクト
　　指向入門 第2版 原則・コンセプト』バートランド・メイヤー著、翔泳社、2007年、p.856より引用。

```
                json_encode(event.eventData())
            );
        }
    }
```

　一般的には、まずは抽象化から始めて、インタフェースやオブジェクトの型をより汎用的にすることで簡略化できるケースが3つほど現れるまでは、汎化するのは待つのがよい考えでしょう。こうすることで、早くから汎化しすぎて、抽象でサポートしたい新しいケースが現れるたびに、インタフェースとその実装を修正しなければならなくなるのを防ぐことができます。

> **練習問題**
>
> 5. エンティティをデータベースに保存するタスクを抽象化する必要がある理由を選んでください。
>   a. いつか、そのエンティティは不要になるかもしれないから。
>   b. 抽象化することで、テストシナリオの中で実装を置き換えることができるから。
>   c. その抽象を再利用して、ほかの種類のデータを保存したいと思うかもしれないから。
>   d. 抽象化することで、より高レベルの概念を使って何が行われるかを記述でき、低レベルの詳細をすべて無視できるため、コードが読みやすくなるから。

7.7　モックで検証するのはコマンドメソッドの呼び出しのみとする

　クエリメソッドはモック化すべきではないことはすでに説明しました。クエリメソッドのユニットテストでは、メソッドの呼び出し回数を検証するべきではありません。クエリは副作用がないことが前提ですので、必要であれば何度でも呼び出すことができます。実装が何度クエリメソッドを呼び出していても、テストは安定して実行できる必要があります。あるメソッドの結果を変数に記憶させる代わりにそのメソッドを2回呼び出していても、テストは壊れないようにしましょう。

　しかし、あるコマンドメソッドが別のコマンドメソッドを呼び出す場合、後者をモック化したいと思うかもしれません。このコマンドは少なくとも一度は呼び出される**はず**（それがこのメソッドの仕事ですので、それを検証したいでしょう）であり、加えて複数回呼び出されてもいけません（副作用が複数回発生すると困るからです）。このことを次のリストに示しています。

例7-12　モックを使用した`ChangePasswordService`のユニットテスト

```
final class ChangePasswordService
{
    private EventDispatcher eventDispatcher;
    // ...

    public function __construct(
        EventDispatcher eventDispatcher,
        // ...
```

```
    ) {
        this.eventDispatcher = eventDispatcher;

        // ...
    }

    public function changeUserPassword(
        UserId userId,
        string plainTextPassword
    ): void {
        // ...

        this.eventDispatcher.dispatch(
            new UserPasswordChanged(userId)
        );
    }
}

/**
 * @test
 */
public function it_dispatches_a_user_password_changed_event(): void
{
    userId = /* ... */;

    eventDispatcherMock = this.createMock(EventDispatcher.className); ❶
    eventDispatcherMock
        .expects(this.once())
        .method('dispatch')
        .with(new UserPasswordChanged(userId));

    service = new ChangePasswordService(eventDispatcherMock, /* ... */);

    service.changeUserPassword(userId, /* ... */);
}
```

❶　ここでモックオブジェクトを定義する：あるメソッドが何回（今回のケースは1回）呼ばれるか、どの引数で呼ばれるかを検証する。dispatch()はコマンドメソッドなので、戻り値のアサーションはしない。

　このテストメソッドの最後には通常のアサーションはありません。なぜなら、モックオブジェクト自身が期待する振る舞いを満たしているかどうかを検証するからです。テストフレームワークは、あるテストケースのために作成されたすべてのモックオブジェクトに対してこの検証を依頼します。

　もしテストケースの中に実際のアサーションがあったほうがよい場合は、EventDispatcherのテストダブルとして**スパイ**を使用できます。最も一般的な場合、スパイは自身に対するすべてのメソッド呼び出しとその引数を記憶します。しかし、今回のケースではそこまでしなくても、シンプルなEventDispatcherの実装を使うだけで十分でしょう。

例7-13　**EventDispatcher のスパイ**

```
final class EventDispatcherSpy implements EventDispatcher
{
    private array events = [];
```

```
    public function dispatch(object event): void
    {
        this.events[] = event; ❶
    }

    public function dispatchedEvents(): array
    {
        return this.events;
    }
}
/**
 * @test
 */
public function it_dispatches_a_user_password_changed_event(): void
{
    // ...
    eventDispatcher = new EventDispatcherSpy();
    service = new ChangePasswordService(eventDispatcher, /* ... */);

    service.changeUserPassword(userId, /* ... */);

    assertEquals(                    ❷
        [
            new UserPasswordChanged(userId)
        ],
        eventDispatcher.dispatchedEvents()
    );
}
```

❶　スパイに発行されたイベントのリストを保持するだけ。
❷　テストフレームワークにモックのメソッド呼び出しを検証してもらう代わりに、アサーションが可能となった。

練習問題

6. 次のようなインタフェースがあるとします。

```
interface UserRepository
{
    public function save(User user): void;
}
```

UserRepositoryを依存関係として持ち、そのsave()を呼び出すクラスのユニットテストを書く場合、どの種類のテストダブルを使うことができますか?

a. ダミー

b. スタブ

c. フェイク

d. モック

e. スパイ

7. 次のようなインタフェースがあるとします。

```
interface UserRepository
{
    public function getById(UserId userId): User;
}
```

UserRepositoryを依存関係として持ち、そのgetById()を呼び出すクラスのユニットテストを書く場合、どの種類のテストダブルを使うことができますか?

a. ダミー

b. スタブ

c. フェイク

d. モック

e. スパイ

7.8　まとめ

- コマンドメソッドはタスクを実行するために使用されます。コマンドメソッドの名前は命令形(「Do this」「Do that」)にし、多くのことをやりすぎないようにしましょう。メインの仕事とそうではない仕事を区別しましょう。イベントを発行して、ほかのサービスに追加のタスクを実行してもらいましょう。タスクを実行する際、コマンドメソッドは必要な情報を収集するためにクエリメソッドを呼び出すこともできます。

- サービスは、外部からだけでなく内部からもイミュータブルであるべきです。データを取得するサービスと同様に、タスクを実行するサービスも何度も再利用可能であるべきです。タスクの実行中に何か問題が発生した場合は、(それが分かり次第すぐに)例外を投げましょう。

- システム境界を越えるコマンド(リモートサービスやデータベースなどにアクセスするコマンド)の抽象を定義しましょう。コマンドメソッド自身がコマンドメソッドを呼び出すテストでは、モックやスパイを使用してこれらのメソッドの呼び出しをテストできます。モッキングツールを使用することもできますし、自分でスパイを作成することもできます。

7.9　練習問題の解答

1. 正解:cとe。ほかの選択肢はすべて、メインの仕事の一部と考えるべきです。選択肢cと選択肢eは二次的な仕事やメインの仕事の派生です。

2. 正解:a、b、e。依存関係や設定値を入れ替えると、サービスオブジェクトはミュータブルになりま

す。コンストラクタ引数の数は、不変性に影響を与えません。ほかのオブジェクトとの連携も同様です。

3. 正解：b。その理由は選択肢自体に記載されています。

4. 正解：a。その理由は選択肢自体に記載されています。

5. 正解：bとd。その理由は選択肢自体に記載されています。選択肢aは、エンティティを取り除くと、そのリポジトリも取り除かれるため間違っています。選択肢cは、リポジトリも汎用的にする必要があり、今回の目的とは異なるため、間違っています。

6. 正解：dとe。save()はコマンドメソッドですので、モック（そのメソッドの呼び出しが行われたことを保証する）またはスパイ（そのメソッドの呼び出しが行われたかどうかを後で確認する）を使います。

7. 正解：a、b、c。getById()はクエリメソッドですので、ダミー（正しい型だけを持つ非機能的なオブジェクト）、スタブ（正しい型を持ち、事前に設定した値を返すオブジェクト）、フェイク（より進化したオブジェクト、それ自体のロジックも持つ）を使います。実際に関数が呼び出されていることを確認したいわけではないので、モックやスパイを使うことはありません。

8章

責務の分割

本章の内容

- リードモデルとライトモデルの区別
- リードモデルとライトモデルそれぞれのリポジトリの定義
- ユースケースに特化したリードモデルの設計
- イベントや共有データソースからのリードモデルの構築

　これまで、オブジェクトを使用して情報を取得したり、タスクを実行したりする方法について見てきました。情報を取得するメソッドはクエリメソッドと呼ばれ、タスクを実行するメソッドはコマンドメソッドと呼ばれます。

　サービスオブジェクトは、この両方の責務を兼ね備えている場合があります。たとえば、（次のリストのような）リポジトリは、エンティティをデータベースに保存するタスクと、データベースからエンティティを取得するタスクを実行できます。

例8-1　PurchaseOrderRepositoryはPurchaseOrderを保存および取得できる

```
interface PurchaseOrderRepository
{
    /**
     * @throws CouldNotSavePurchaseOrder
     */
    public function save(PurchaseOrder purchaseOrder): void;

    /**
     * @throws CouldNotFindPurchaseOrder
     */
    public function getById(int purchaseOrderId): PurchaseOrder;
}
```

エンティティの保存と取得は、多少の差はあれど逆の操作ですので、ひとつのオブジェクトに両方の責務を持たせるのは自然なことです。しかし、ほかの多くの場合、タスクの実行と情報の取得は、別々のオブジェクトに分割する方が良いと気付くでしょう。

8.1　ライトモデルとリードモデルを分離する

これまで見てきたように、オブジェクトの種類にはサービスとそのほかのオブジェクトがあります。これらのほかのオブジェクトの中には、**エンティティ**として特徴付けられるものがあります。エンティティは特定のドメイン概念をモデル化します。その際、エンティティは関連するデータを含み、そのデータを有効かつ意味のある方法で操作する方法を提供します。エンティティはデータを公開することもでき、公開された内部データ（注文日など）や計算データ（注文の合計金額など）から、クライアントは情報を取得できます。

実際には、クライアントによってエンティティの使い方はさまざまです。あるクライアントはコマンドメソッドでエンティティのデータを操作したいかもしれませんし、あるクライアントはクエリメソッドで情報の一部を取得したいだけかもしれません。とはいえ、これらのクライアントはすべて同じオブジェクトを共有しており、たとえそのクライアントにとっては不要なメソッドやアクセスすべきでないメソッドであっても、潜在的にはすべてのメソッドにアクセスできます。

変更可能なエンティティを、変更することが許されていないクライアントに渡してはいけません。たとえクライアントが今のところはそれを変更していなかったとしても、ある日突然変更するようになるかもしれませんし、そうなったら何が起こったのかを見つけるのは難しいでしょう。そのため、エンティティの設計を改善するために最初にすべきことは、**ライトモデル**[†1]と**リードモデル**[†2]を分離することです。

例としてPurchaseOrderエンティティを使って、どのように分離できるかを見ていきましょう。発注書（purchase order）とは、ある企業があるサプライヤーから製品を購入することを表すものです。購入した製品を受け取ると、その製品はその企業の倉庫に保管されます。この時点から、その企業はその製品の在庫を持つことになります。本章の残りの部分ではこの例を使い、さまざまな改善策を考えていきます。

例8-2　PurchaseOrderエンティティ

```
final class PurchaseOrder
{
    private int purchaseOrderId;
    private int productId;
    private int orderedQuantity;
    private bool wasReceived;
```

[†1]　訳注：コマンドモデルと呼ばれることもある。
[†2]　訳注：クエリモデルと呼ばれることもある。

```
        private function __construct()
        {
        }

        public static function place(  ❶
            int purchaseOrderId,
            int productId,
            int orderedQuantity
        ): PurchaseOrder {
            purchaseOrder = new PurchaseOrder();

            purchaseOrder.productId = productId;
            purchaseOrder.orderedQuantity = orderedQuantity;
            purchaseOrder.wasReceived = false;

            return purchaseOrder;
        }

        public function markAsReceived(): void
        {
            this.wasReceived = true;
        }

        public function purchaseOrderId(): int
        {
            return this.purchaseOrderId;
        }

        public function productId(): int
        {
            return this.productId;
        }

        public function orderedQuantity(): int
        {
            return this.orderedQuantity;
        }

        public function wasReceived(): bool
        {
            return this.wasReceived;
        }
    }
```

❶　簡略化のため、プリミティブ型の値を使用しているが、実際にはバリューオブジェクトの利用が望ましい。

　現在の実装では、PurchaseOrderエンティティは、エンティティを作成・操作するメソッド（place()およびmarkAsReceived()）と、エンティティから情報を取得するメソッド（productId()、orderedQuantity()およびwasReceived()）を公開しています。

　次に、さまざまなクライアントがこのエンティティをどのように使用するかを見てみましょう。まず、コントローラからReceiveItemsサービスが呼び出され、生の注文書IDが渡されます。

例8-3　ReceiveItems サービス

```
final class ReceiveItems
{
    private PurchaseOrderRepository repository;

    public function __construct(PurchaseOrderRepository repository)
    {
        this.repository = repository;
    }

    public function receiveItems(int purchaseOrderId): void
    {
        purchaseOrder = this.repository.getById(purchaseOrderId);

        purchaseOrder.markAsReceived();

        this.repository.save(purchaseOrder);
    }
}
```

このサービスは、PurchaseOrderのゲッタを一切使用していないことに注目してください。このサービスは、エンティティの状態を変更することのみに関心があります。

次に、この企業が持っている製品の在庫数量の詳細を示すJSONエンコードされたデータ構造をレンダリングするコントローラを見てみましょう。

例8-4　StockReportController クラス

```
final class StockReportController
{
    private PurchaseOrderRepository repository;

    public function __construct(PurchaseOrderRepository repository)
    {
        this.repository = repository;
    }

    public function execute(Request request): Response
    {
        allPurchaseOrders = this.repository.findAll();

        stockReport = [];

        foreach (allPurchaseOrders as purchaseOrder) {
            if (!purchaseOrder.wasReceived()) {              ❶
                continue;
            }

            if (!isset(stockReport[purchaseOrder.productId()] )) {
                stockReport[purchaseOrder.productId()] = 0;  ❷
            }

            stockReport[purchaseOrder.productId()]           ❸
                += purchaseOrder.orderedQuantity();
        }
```

```
            return new JsonResponse(stockReport);
        }
    }
```

❶ まだ製品が届いていないので、在庫数量に追加してはいけない。
❷ 初めてこの製品をデータ構造に追加する。
❸ 注文した（そして受け取った）数量を在庫数量に追加する。

　このコントローラはPurchaseOrderに何の変更も加えません。ただ、すべての発注書に関する情報の一部を必要としているだけです。言い換えれば、エンティティの書き込み部分には興味がなく、読み取り部分だけに興味があるのです。クライアントが必要とする以上の振る舞いを公開することは望ましくないという事実に加え、ある製品の在庫量を調べるために、常にすべての発注書をループすることはあまり効率的ではありません。

　これに対する解決策は、エンティティの責務を分割することです。まず、発注書に関する情報を取得するために使用できる新しいオブジェクトを作成することにします。これをPurchaseOrderForStockReportと呼ぶことにしましょう。

例8-5　PurchaseOrderForStockReportクラス

```
final class PurchaseOrderForStockReport
{
    private int productId;
    private int orderedQuantity;
    private bool wasReceived;

    public function __construct(
        int productId,
        int orderedQuantity,
        bool wasReceived
    ) {
        this.productId = productId;
        this.orderedQuantity = orderedQuantity;
        this.wasReceived = wasReceived;
    }

    public function productId(): ProductId
    {
        return this.productId;
    }

    public function orderedQuantity(): int
    {
        return this.orderedQuantity;
    }

    public function wasReceived(): bool
    {
        return this.wasReceived;
    }
}
```

この新しい`PurchaseOrderForStockReport`オブジェクトは、それを提供できるリポジトリがあればすぐにコントローラ内で使用できます。手っ取り早い解決策は、`PurchaseOrder`がその内部データに基づいて`PurchaseOrderForStockReport`のインスタンスを返すようにすることです。

例8-6　簡単な解決策：`PurchaseOrder`がレポートを生成する

```
final class PurchaseOrder
{
    private int purchaseOrderId
    private int productId;
    private int orderedQuantity;
    private bool wasReceived;

    // ...

    public function forStockReport(): PurchaseOrderForStockReport
    {
        return new PurchaseOrderForStockReport(
            this.productId,
            this.orderedQuantity,
            this.wasReceived
        );
    }
}

final class StockReportController
{
    private PurchaseOrderRepository repository;

    public function __construct(PurchaseOrderRepository repository)
    {
        this.repository = repository;
    }

    public function execute(Request request): Response
    {
        allPurchaseOrders = this.repository.findAll();        ❶

        forStockReport = array_map(                           ❷
            function (PurchaseOrder purchaseOrder) {
                return purchaseOrder.forStockReport();
            },
            allPurchaseOrders
        );

        // ...
    }
}
```

❶　今はまだ`PurchaseOrder`エンティティをロードしている。
❷　すぐに`PurchaseOrderForStockReport`インスタンスに変換する。

これで、元の`PurchaseOrder`エンティティから、ほとんどすべてのクエリメソッド（`productId()`、 orderedQuantity()、wasReceived()）を削除することが可能になりました。これにより、PurchaseOrderエンティティは適切なライトモデルになります。つまりPurchaseOrderエンティティは、情報を得たいだけのクライアントからは使われなくなりました。

例8-7 ゲッタを削除したPurchaseOrder

```
final class PurchaseOrder
{
    private int purchaseOrderId
    private int productId;
    private int orderedQuantity;
    private bool wasReceived;

    private function __construct()
    {
    }

    public static function place(
        int purchaseOrderId,
        int productId,
        int orderedQuantity
    ): PurchaseOrder {
        purchaseOrder = new PurchaseOrder();

        purchaseOrder.productId = productId;
        purchaseOrder.orderedQuantity = orderedQuantity;

        return purchaseOrder;
    }

    public function markAsReceived(): void
    {
        this.wasReceived = true;
    }
}
```

これらのクエリメソッドを削除しても、先に見たReceiveItemsサービスのように、このオブジェクトをライトモデルとして使用するPurchaseOrderの既存のクライアントには何の害もありません。次のリストを見れば、そのことは明らかです。

例8-8 PurchaseOrderをライトモデルとして使用する既存のクライアント

```
final class ReceiveItems
{
    // ...

    public function receiveItems(int purchaseOrderId): void
    {
        purchaseOrder = this.repository.getById( ❶
            purchaseOrderId
        );

        purchaseOrder.markAsReceived();
```

```
        this.repository.save(purchaseOrder);
    }
}
```

❶　このサービスは PurchaseOrder のクエリメソッドを使わない。

クエリメソッドが禁止なわけではない

　クライアントの中には、エンティティをライトモデルとして使用しても、そこから何らかの情報も取得する必要があるものがあります。こういったクライアントは意思決定をしたり、特別な検証のためにこの情報を必要とします。このような場合にクエリメソッドを追加してはいけないと思う必要はありません。クエリメソッドは決して禁止されているわけではありません。本章のポイントは、情報を取得するためだけにエンティティを使用するクライアントは、ライトモデルではなく、専用のリードモデルを使用すべきだということです。

練習問題

1.　次のコードの salesInvoice オブジェクトは、ライトモデルですか、それともリードモデルですか？

```
public function finalize(SalesInvoiceId salesInvoiceId): void
{
    salesInvoice = salesInvoiceRepository.getById(salesInvoiceId);

    if (salesInvoice.wasCancelled()) {
        throw new CanNotFinalizeSalesInvoice
            ::becauseItWasAlreadyCancelled(salesInvoiceId);
    }

    salesInvoice.finalize();

    eventDispatcher.dispatchAll(salesInvoice.recordedEvents());

    salesInvoiceRepository.save(salesInvoice);
}
```

a.　リードモデル

b.　ライトモデル

2.　次のコードの meetup オブジェクトは、ライトモデルですか、それともリードモデルですか？

```
public function meetupDetailsAction(Request request): Response
{
```

```
        meetup = meetupRepository.getById(request.get('meetupId'));

        return this.templateRenderer.render(
            'meetup-details.html.twig', [
                'meetup' => meetup
            ]
        );
    }
```

a. リードモデル

b. ライトモデル

8.2　ユースケースに特化したリードモデルを作成する

　前節では、PurchaseOrderエンティティをライトモデルとリードモデルに分割しました。ライトモデルは古い名前のままですが、リードモデルはPurchaseOrderForStockReportと名付けました。ForStockReportという修飾語は、このオブジェクトが特定の目的のためにあることを示しています。このオブジェクトは、ユーザーにとって有用な在庫レポートを作成するためにデータを整えるという、非常に特化した文脈での使用に適しています。先に示した解決策はまだ最適とは言えません。なぜなら、コントローラはまだすべてのPurchaseOrderエンティティをロードし、次のリストのようにforStockReport()を呼び出してPurchaseOrderForStockReportインスタンスに変換しなければならないからです。つまり、クライアントはライトモデルにまだアクセスしていることを意味します。これでは、ライトモデルにアクセスしないようにするという当初の目標を達成できていません。

例8-9　在庫レポートの作成は依然としてライトモデルに依存している

```
public function execute(Request request): Response
{
    allPurchaseOrders = this.repository.findAll(); ❶

    forStockReport = array_map(
        function (PurchaseOrder purchaseOrder) {
            return purchaseOrder.forStockReport();
        },
        allPurchaseOrders
    );

    // ...
}
```

❶　ここで、まだPurchaseOrderインスタンスに依存している。

　この設計にはほかにも適切でない面があります。PurchaseOrderForStockReportオブジェクトがあるにもかかわらず、ユーザーにデータを表示する前に、それらをループして別のデータ

構造を構築する必要があるのです。もし、私たちが意図する使い方と一致する構造を持つオブ
ジェクトがあったらどうでしょうか？　このオブジェクトの名前については、リードモデルの名前
（ForStockReport）にすでにヒントがあります。そこで、この新しいオブジェクトをStockReport
と呼び、すでに存在すると仮定しましょう。そうすると、次のリストに示すように、コントローラは
よりシンプルになります。

例8-10　StockReportController は在庫レポートを直接取得できる

```
final class StockReportController
{
    private StockReportRepository repository;

    public function __construct(StockReportRepository repository)
    {
        this.repository = repository;
    }

    public function execute(Request request): Response
    {
        stockReport = this.repository.getStockReport();

        return new JsonResponse(stockReport.asArray()); ❶
    }
}
```

❶　asArray() は、先ほど手動で作成したものと同じような配列を返すことが期待される。

　StockReportのほかにも、アプリケーションの特定のユースケースに対応するリードモデルを
いくつでも作成できます。たとえば、発注書のリストを作るためだけに使用するリードモデルを作
成できます。このモデルでは、IDと作成日だけを公開するでしょう。そのうえで、ユーザーが情報
の一部を更新できるようなフォームをレンダリングするために必要なすべての詳細を提供する別の
リードモデルを用意する、といった具合です。

　StockReportRepositoryがStockReportオブジェクトを作成する際には、依然としてライ
トモデルエンティティによって提供されるPurchaseOrderForStockReportオブジェクトを使
うこともできます。しかし、より良い、より効率的な代替案があります。以降の節で、そのいくつ
かを取り上げます。

8.3　データソースから直接リードモデルを作成する

　PurchaseOrderForStockReportオブジェクトからStockReportモデルを作成する代わりに、
データソースである、アプリケーションが発注書を保存するデータベースから直接StockReportを
作成できます。もしこれがリレーショナルデータベースであれば、たとえばpurchase_ordersとい
うテーブルがあり、そのテーブルにはpurchase_order_id、product_id、ordered_quantity、
was_receivedといったカラムがあるでしょう。このような場合、StockReportRepositoryは

StockReportオブジェクトを作成する前にほかのオブジェクトをロードする必要はありません。SQLクエリをひとつ発行し、それを使ってStockReportを作成できます。

例8-11　StockReportSqlRepositoryはプレーンなSQLを使用して在庫レポートを作成する

```
final class StockReportSqlRepository implements StockReportRepository
{
    public function getStockReport(): StockReport
    {
        result = this.connection.execute(
            'SELECT ' .
            ' product_id, ' .
            ' SUM(ordered_quantity) as quantity_in_stock ' .
            'FROM purchase_orders ' .
            'WHERE was_received = 1 ' .
            'GROUP BY product_id'
        );

        data = result.fetchAll();

        return new StockReport(data);

    }
}
```

ライトモデルのデータソースから直接リードモデルを作成することは、実行時のパフォーマンスという点で通常かなり効率的です。また、開発コストやメンテナンスコストの面でも効率的です。しかし、ライトモデルが頻繁に変更される場合や、生データをそのまま使うことが難しくまずは解釈する必要がある場合、この解決策は効率的ではありません。

8.4　ドメインイベントからリードモデルを構築する

ライトモデルのデータから直接StockReportリードモデルを作成することの欠点は、ユーザーが在庫レポートを要求するたびに、アプリケーションが何度も計算するという点です。SQLクエリの実行にそれほど時間はかからないでしょうが（テーブルが非常に大きくなるまでは）、場合によっては、リードモデルを作成するために別の方法を使用する必要があります。

前の例で使用したSQLクエリの結果を、もう一度見てみましょう（表8-1）。

表8-1　在庫レポートを作成するためのSQLクエリの結果

product_id	quantity_in_stock
123	10
124	5

purchase_ordersテーブルのすべてのレコードを検索し、それらのorderd_quantityの値を合計することなく、2列目の値を出すにはどうしたらよいでしょうか？

　紙を持ってユーザーの隣に座り、ユーザーが発注書に受け取ったとマークするたびに、その製品のIDと受け取った製品の数を書きとめたらどうでしょうか。その結果、**表8-2**のようなリストができあがります。

表8-2　受け取った製品をすべて書きとめた結果

product_id	received
123	2
124	4
124	1
123	8

　さて、このように同じ製品について行を複数持つ代わりに、**表8-3**のように、受け取った製品の行を調べ、受け取った数量をreceivedカラムにすでにある数字に足すこともできます。

表8-3　製品ごとの受け取った数量を合計した結果

product_id	received
123	2 + 8
124	4 + 1

　こういった計算をすると、SUMクエリを使ったときと同じ結果になります。

　紙を持ってユーザーの隣に座る代わりに、PurchaseOrderエンティティに着目して、ユーザーがいつそれを受け取ったとマークするかを知る必要があります。これは**ドメインイベント**を記録して発行することで実現できます。この手法は「4.12 内部で記録されたイベントを使用してミュータブルオブジェクトの変更を検証する」ですでに説明しました。

　まずPurchaseOrderにドメインイベントを記録させ、注文した製品が受け取られたことを示す必要があります。

例8-12　**PurchaseOrder**エンティティが**PurchaseOrderReceived**イベントを記録する

```
final class PurchaseOrderReceived                    ❶
{
    private int purchaseOrderId;
    private int productId;
    private int receivedQuantity;

    public function __construct(
        int purchaseOrderId,
        int productId,
        int receivedQuantity
    ) {
        this.purchaseOrderId = purchaseOrderId;
        this.productId = productId;
        this.receivedQuantity = receivedQuantity;
    }

    public function productId(): int
```

```
    {
        return this.productId;
    }

    public function receivedQuantity(): int
    {
        return this.receivedQuantity;
    }
}
final class PurchaseOrder
{
    private array events = [];

    // ...

    public function markAsReceived(): void
    {
        this.wasReceived = true;

        this.events[] = new PurchaseOrderReceived( ❷
            this.purchaseOrderId,
            this.productId,
            this.orderedQuantity
        );
    }

    public function recordedEvents(): array
    {
        return this.events;
    }
}
```

❶　これは新しいドメインイベント。
❷　PurchaseOrderの内部でドメインイベントを記録する。

　markAsReceived()を呼び出すと、PurchaseOrderReceivedイベントオブジェクトが、内部に記録されたイベントのリストに追加されます。これらのイベントは、次のReceiveItemsサービスのように、取り出してイベントディスパッチャに渡すことができます。

例8-13　ReceiveItemsは記録されたあらゆるドメインイベントを発行する

```
final class ReceiveItems
{
    // ...

    public function receiveItems(int purchaseOrderId): void
    {
        // ...

        this.repository.save(purchaseOrder);

        this.eventDispatcher.dispatchAll(
            purchaseOrder.recordedEvents()
        );
```

```
        }
    }
```

　この特定のイベントのために登録されたイベントリスナは、イベントオブジェクトから関連する
データを取得し、プライベートに持つ在庫の製品とその数量のリストを更新できます。たとえば、
すべての製品ごとの行を持つ独自のstock_reportテーブルを維持することによって、在庫レポー
トを構築できます。PurchaseOrderReceivedイベントを処理し、このstock_reportテーブル
に新しい行を作成するか、既存の行を更新する必要があります。

例8-14　イベントを使用してstock_reportテーブルを更新する

```
final class UpdateStockReport
{
    public function whenPurchaseOrderReceived(
        PurchaseOrderReceived event
    ): void {
        this.connection.transactional(function () {
            try {
                this.connection                    ❶
                    .prepare(
                        'SELECT quantity_in_stock ' .
                        'FROM stock_report ' .
                        'WHERE product_id = :productId FOR UPDATE'
                    )
                    .bindValue('productId', event.productId())
                    .execute()
                    .fetch();

                this.connection                    ❷
                    .prepare(
                        'UPDATE stock_report ' .
                        'SET quantity_in_stock = ' .
                        ' quantity_in_stock + :quantityReceived ' .
                        'WHERE product_id = :productId'
                    )
                    .bindValue(
                        'productId',
                        event.productId()
                    )
                    .bindValue(
                        'quantityReceived',
                        event.quantityReceived()
                    )
                    .execute();
            } catch (NoResult exception) { ❸
                this.connection
                    .prepare(
                        'INSERT INTO stock_report ' .
                        ' (product_id, quantity_in_stock) ' .
                        'VALUES (:productId, :quantityInStock)'
                    )
```

```
                        .bindValue(
                            'productId',
                            event.productId()
                        )
                        .bindValue(
                            'quantityInStock',
                            event.quantityReceived()
                        )
                        .execute();
                }
            });
        }
    }
```

❶ 既存の行があるかどうかを調べる。
❷ この製品の行が存在する場合、既存の行を更新し、在庫数量を増やす。
❸ そうでない場合は、新しい行を作成し、在庫数量の初期値を設定する。

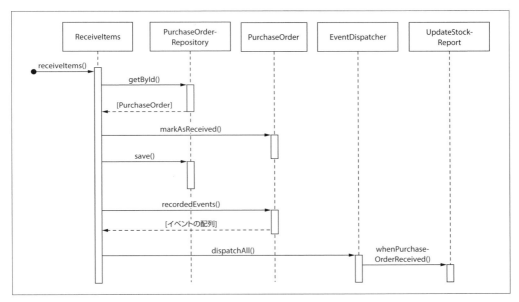

図8-1 ReceiveItems サービスは PurchaseOrder ライトモデルに変更を加え、ドメインイベントを EventDispatcher に発行して UpdateStockReport などのほかのサービスがその変更を購読できるようにする

　在庫レポート用に別のデータソースを用意したら、すべての情報がすでに stock_report テーブルにあるので、StockReportSqlRepository をさらにシンプルにできます。

例8-15 StockReportSqlRepository のクエリはよりシンプルになる

```
final class StockReportSqlRepository implements StockReportRepository
{
    public function getStockReport(): StockReport
    {
```

```
        result = this.connection.execute(
            'SELECT * FROM stock_report'
        );

        data = result.fetchAll();

        return new StockReport(data);
    }
}
```

　このように単純化することで、リードモデルのクエリがさらに効率的になるかもしれません。しかし、開発やメンテナンスコストの面では、ドメインイベントを使用してリードモデルを構築する方が高くつきます。本節の例を見ればわかるように、より多くの部品が関わってきます。ドメインイベントに何かの変更が加えられると、それに依存するほかの部分を適合させるために、より多くの作業が必要になります。イベントリスナの1つが失敗したら、エラーを修正して再度実行する必要があり、ツールや運用の面で余分な労力がかかります。

イベントソーシングはどうでしょうか？

　リードモデルの構築にイベントを使うだけでなく、ライトモデルの再構築にもイベントを使うとなると、事態はさらに複雑化します。この手法は**イベントソーシング**と呼ばれ、ライトモデルをリードモデルから分離するという考え方に非常にマッチしています。しかし、本章で示したように、オブジェクト間の責務を分割するためのより良い方法を探しているだけであれば、イベントソーシングを適用する必要はないでしょう。あるエンティティから情報を取得したいだけのクライアントには、ここで説明したいずれかのテクニックを使って、個別のリードモデルを提供できます。

練習問題

3.　以下の機能を持つ買い物かごのリードモデルを構築するために必要なドメインイベントのリストを書き出してください。
　a.　ユーザーは買い物かごに商品を追加できる。
　b.　ユーザーは買い物かごから商品を削除できる。
　c.　ユーザーは商品の数量を変更できる。

8.5 まとめ

- ドメインオブジェクトでは、ライトモデルとリードモデルを分離しましょう。エンティティからデータを取得することだけに関心のあるクライアントは、状態を変更できるメソッドを公開するエンティティではなく、専用のオブジェクトを使用する必要があります。
- リードモデルはライトモデルから直接作成することもできますが、より効率的な方法は、ライトモデルで使用されているデータソースから作成することでしょう。それが不可能な場合、または効率的な方法でリードモデルを作成できない場合は、ドメインイベントを使用してリードモデルを構築することを検討しましょう。

8.6 練習問題の解答

1. 正解：b。このコードはモデルから情報を取得する（wasCancelled()メソッドを呼び出す）だけでなく、オブジェクトを変更しています（finalize()メソッドを呼び出す）。これはライトモデルになります。なぜなら、リードモデルは、通常のクライアントにモデルの状態を変更するメソッドを提供しないからです。

2. 正解：a。理屈のうえではライトモデルにもなり得ますが、実際にはそうではないでしょう。このモデルの唯一の目的は、ユーザーに対してHTMLレスポンスをレンダリングすることでミートアップに関する情報を表示することです。

3. 模範解答：買い物かごに起こりうるそれぞれの事柄を表すイベントが必要でしょう。問題文に記述されている機能を考えると、それらのイベントはProductWasAddedToCart、ProductWasRemovedFromCart、およびProductQuantityWasModifiedになるでしょう。いつものように、アドバイスとしては、ドメイン特有の用語を探し、ドメインエキスパートが用いる言葉を使用することです。なぜCartWasCreatedというイベントがないのでしょうか？ それは、ProductWasAddedToCartによってすでにその意味が含まれているからです。

9章
サービスの振る舞いの変更

本章の内容

- コードを変更せずに振る舞いを変更すること
- 振る舞いを設定および交換可能にすること
- コンポジションとデコレーションを可能にする抽象の導入
- オブジェクトの振る舞いをオーバーライドする継承の回避
- オブジェクトの乱用を防ぐためにクラスをfinalに、メソッドをprivateにすること

サービスは、ある決まったやり方で作成・使用するように設計できます。しかし、ソフトウェアプロジェクトは時間の経過とともに変化していくという性質を持ちます。そのため、思い通りの振る舞いができるようにクラスを変更することがよくあります。しかし、クラスを変更することは、何らかの形でクラスを壊してしまうかもしれないという代償を伴います。クラスを変更する代わりの方法として、そのメソッドの一部をオーバーライドするというものも一般的ですが、これはさらにやっかいなことになりかねません。そのため、一般的にはクラスのコードを変更するのではなく、オブジェクトグラフの構造を変更することが望ましいとされています。部品自体を変更するよりも、部品を置き換える方が良いのです。

9.1 振る舞いを設定可能にするためのコンストラクタ引数を導入する

サービスの依存関係や設定値をすべてコンストラクタ引数として与え、サービスを一挙に作成すべきであるという点については、以前説明しました。サービスオブジェクトの振る舞いを変更する場合にも、コンストラクタ引数を使用する必要があります。サービスの振る舞いに影響を与えたい

場合は、コンストラクタ引数によって指定することをお勧めします。

たとえば、次の FileLogger クラスは、ファイルにログメッセージを記録します。

例9-1　FileLogger クラス

```
final class FileLogger
{
    public function log(message): void
    {
        file_put_contents(
            '/var/log/app.log',
            message,
            FILE_APPEND
        );
    }
}
```

ログメッセージを別のファイルに記録するようにロガーを再設定するには、ログファイルのパス
をコンストラクタ引数に昇格させ、プロパティにコピーするようにします。

例9-2　コンストラクタ引数でFileLoggerを設定する

```
final class FileLogger
{
    private string filePath;

    public function __construct(string filePath)
    {
        this.filePath = filePath;
    }

    public function log(message): void
    {
        file_put_contents(this.filePath, message, FILE_APPEND);
    }
}

logger = new FileLogger('/var/log/app.log');
```

練習問題

1. 以下のAPIクライアントのベースURLを設定可能にするための良い選択肢はどれでしょうか？

```
final class ApiClient
{
    public function sendRequest(
        string method,
        string path
    ): Response {
        url = 'https://api.acme.com' . path;

        // ...
```

```
        }
    }
```

a. `ApiClient`がベースURLを取得できるように、コンストラクタ引数として`Config`オブ
   ジェクトを注入する。

b. `ApiClient`のコンストラクタに、ベースURLを文字列またはバリューオブジェクトとして
   注入する。

c. `sendRequest()`の引数として`baseUrl`を追加する。

9.2　振る舞いを交換可能にするためにコンストラクタ引数を導入する

　サービスのすべての依存関係をコンストラクタ引数として注入するべきであるという点について
は、以前説明しました。設定値を変更できるのと同じように、依存関係も置き換えることができま
す。

　次の`ParameterLoader`を考えてみましょう。これは、JSONファイルからキーと値のリスト
（「パラメータ」）をロードするために使用できます。

例9-3　ParameterLoaderクラス

```
final class ParameterLoader
{
    public function load(filePath): array
    {
        rawParameters = json_decode( ❶
            file_get_contents(filePath),
            true
        );

        parameters = [];

        foreach (rawParameters as key => value) {
            parameters[] = new Parameter(key, value);
        }

        return parameters;
    }
}

loader = new ServiceConfigurationLoader(
    __DIR__ . '/parameters.json'
);
```

❶　ファイルからパラメータをロードし、すでにロードされているパラメータに追加する。

このクラスのどの部分を置き換えると、代わりにXMLやYAMLファイルの読み込みをサポート

できるでしょうか? json_decode()の呼び出しを除いて、ParameterLoaderの大部分は、かなり汎用的です。この部分を置き換え可能にするためには、抽象を導入する必要があります。つまり、「JSONファイルをデコードする」よりも抽象的な概念を見つけ、その抽象概念を表現できるインタフェースを導入するのです。

　その抽象的な概念とは「ファイルを読み込むこと」ですので、このタスクをコードで表現するインタフェースの名前としては、FileLoaderが適切でしょう。このインタフェースには、JSONファイルからパラメータをロードする標準的な実装を用意することにします。この実装をJsonFileLoaderと呼ぶことにしましょう。

例9-4　FileLoaderインタフェースとそれを実装するJsonFileLoader

```
interface FileLoader
{
    public function loadFile(string filePath): array; ❶
}

final class JsonFileLoader implements FileLoader
{
    public function loadFile(string filePath): array
    {
        Assertion.isFile(filePath);

        result = json_decode(
            file_get_contents(filePath),
            true
        );

        if (!is_array(result)) {
            throw new RuntimeException(
                'Decoding "{filePath}" did not result in an array'
            );
        }

        return result;
    }
}
```

❶　指定された場所のファイルに格納されているパラメータを表すキーと値のペアの配列を読み込む。

　この機会に、JSON固有の実装の信頼性を高めるために、いくつかの事前条件と事後条件のチェックを追加しました。

　今度は、ParameterLoaderがコンストラクタ引数としてFileLoaderのインスタンスを注入してもらうようにしましょう。そして、ParameterLoaderの既存のコードでファイルを読み込んでいる箇所をFileLoader.loadFile()の呼び出しで置き換えることにします。

例9-5　FileLoaderインスタンスに依存するParameterLoader

```
final class ParameterLoader
{
```

```
    private FileLoader fileLoader;

    public function __construct(FileLoader fileLoader)
    {
        this.fileLoader = fileLoader;
    }

    public function load(filePath): array
    {
        // ...

        foreach (/* ... */) {
            if (/* ... */) {
                rawParameters = this.fileLoader.loadFile(
                    filePath
                );
            }
        }

        // ...
    }
}

parameterLoader = new ParameterLoader(new JsonFileLoader());
parameterLoader.load(__DIR__ . '/parameters.json');
```

ParameterLoaderの振る舞いの一部が抽象化されたので、XMLやYAMLファイルローダのようなほかの**具象**実装に置き換えることができます（**図9-1**参照）。

例9-6　FileLoaderの実装を置き換えるのは簡単

```
final class XmlFileLoader implements FileLoader
{
    // ...
}

parameterLoader = new ParameterLoader(new XmlFileLoader());
parameterLoader.load(__DIR__ . '/parameters.xml');
```

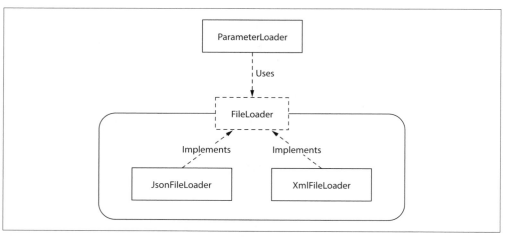

図9-1　ParameterLoaderのFileLoader依存関係がインタフェースで定義された契約に従っている限り、注入される実際のFileLoaderの中で何が起こっているかは重要ではない

練習問題

2.　以下のLoggerクラスの**フォーマット**と**書き込み**の振る舞いを交換できるようにしましょう。

```
final class Logger
{
    private string logFilePath;

    public function __construct(string logFilePath)
    {
        this.logFilePath = logFilePath;
    }

    public function log(string message, array context): void
    {
        handle = fopen(logFilePath);

        fwrite(
            handle,
            message . ' ' . json_encode(context)
        );
    }
}
```

9.3　より複雑な振る舞いを実現するために抽象を合成する

　適切な抽象化を行えば、複数の具象インスタンスを合成（compose）してより複雑な振る舞いを実現することも容易になります。たとえば、ファイル名の拡張子によって複数のフォーマットをサポートしたい場合はどうすればよいでしょうか？　以下のように、オブジェクトコンポジションを使ってそれを実現できます。

例9-7　`MultipleLoaders`は、ほかの`FileLoader`をラップした`FileLoader`

```
interface FileLoader
{
    /**
     * ...
     *
     * @throws CouldNotLoadFile                    ❶
     */
    public function loadFile(string filePath): array;
}

final class MultipleLoaders implements FileLoader ❷
{
    private array loaders;

    public function __construct(array loaders)
    {
        Assertion.allIsInstanceOf(loaders, FileLoader.className);
        this.loaders = loaders;
    }

    public function loadFile(string filePath): array
    {
        lastException = null;

        foreach (this.loaders as loader) {
            try {
                return loader.loadFile(filePath);
            } catch (CouldNotLoadFile exception) {
                lastException = exception;
            }
        }

        throw new CouldNotLoadFile(
            'None of the file loaders was able to load file "{filePath}"',
            lastException
        );
    }
}
```

❶　ファイルを読み込む際に`CouldNotLoadFile`例外が投げられる可能性があることを示すアノテーションをインタフェースに追加。

❷　複数の`FileLoader`インスタンスで構成される新しい`FileLoader`を導入する。ファイルをロードするように要求されると、複数のローダに呼び出しを委譲し、`CouldNotLoadFile`を投げないものが見つかるまで、それを続ける。

　新しいロジックはParameterLoaderの外側にあり、FileLoaderインタフェースの内部で何が
起こっているのかをParameterLoaderは把握していないことに注目しましょう。

　単純にさまざまなローダを試す代わりに、少し異なる構成が必要かもしれません。たとえば、そ
れぞれのローダを特定のファイル拡張子用に登録することもできます。次のリストは、これを実現
する方法を示しています（ここでもオブジェクトコンポジションを使用しています）。

例9-8　MultipleLoadersの代替実装

```
final class MultipleLoaders implements FileLoader
{
    private array loaders;

    public function __construct(array loaders)
    {
        Assertion.allIsInstanceOf(loaders, FileLoader.className);
        Assertion.allIsString(array_keys(loaders));
        this.loaders = loaders;
    }

    public function loadFile(string filePath): array
    {
        extension = pathinfo(filePath, PATHINFO_EXTENSION);
        if (!isset(this.loaders[extension])) { ❶
            throw new CouldNotLoadFile(
                'There is no loader for file extension "{extension}"'
            );
        }

        return this.loaders[extension].loadFile(filePath);
    }
}

parameterLoader = new ParameterLoader(
    new MultipleLoaders([
        'json' => new JsonFileLoader(),
        'xml' => new XmlFileLoader()
    ]);
);
parameterLoader.load('parameters.json');
parameterLoader.load('parameters.xml');

parameterLoader.load('parameters.yml');          ❷
```

❶　this.loadersはキーと値のマップであり、キーはファイルの拡張子、値はその拡張子のファイルを読み込
　　むために使用するFileLoaderである想定。
❷　これはCouldNotLoadFile例外を投げる。

　ご覧の通り、この構成は非常に柔軟になりました。しかし、自分のプロジェクトでこういった
コードを書く場合、通常はこういったすべての異なるファイル形式をサポートする必要がないであ
ろうことを常に念頭に置いてください。FileLoaderという抽象を導入することは賢明なことです
が、これらの異なるローダの実装をすべて書くことは、「必要になる前に一般化」してしまっている

と考えるべきでしょう。**必要となるまで待ちましょう…。**

9.4 既存の振る舞いを装飾する

　前の例では、JSONやXMLなどの複数のファイルローダは、すべて生のパラメータ（キーと値のペア）の配列を返しました。これらのパラメータの値として、ユーザーが環境変数を使用できるようにしたいとしたらどうでしょうか？ この置換ロジックを、すべてのFileLoaderの実装にコピーしたいとは思わないでしょう。代わりに、既存の振る舞いの上に別の振る舞いを追加したいでしょう。これを行うには、次のリストで示すように**デコレーション（装飾）**と呼ばれる特殊なコンポジションスタイルを使用します。

例9-9 ReplaceParametersWithEnvironmentVariables

```
final class ReplaceParametersWithEnvironmentVariables
    implements FileLoader
{
    private FileLoader fileLoader;
    private array envVariables;

    public function __construct(
        FileLoader fileLoader,
        array envVariables
    ) {
        this.fileLoader = fileLoader;            ❶
        this.envVariables = envVariables;
    }

    public function loadFile(string filePath): array
    {
        parameters = this.fileLoader.loadFile(filePath);    ❷

        foreach (parameters as key => value) {
            parameters[key] = this.replaceWithEnvVariable( ❸
                value
            );
        }

        return parameters;
    }

    private function replaceWithEnvVariable(string value): string
    {
        if (isset(this.envVariables[value])) {
            return this.envVariables[value];
        }

        return value;
    }
}

parameterLoader = new ParameterLoader(
```

```
    new ReplaceParametersWithEnvironmentVariables(
        new MultipleLoaders([
            'json' => new JsonFileLoader(),
            'xml' => new XmlFileLoader()
        ]),
        [
            'APP_ENV' => 'dev',
        ]
    )
);
```

❶　実際のファイルローダはコンストラクタ引数として注入される。
❷　ファイルの読み込みに実際のファイルローダを使う。
❸　パラメータの値が環境変数の名前である場合は、環境変数の値に置き換える。

　また実際のサービスを利用するためのコストがある程度高い場合にも、デコレーションはよく使われます。たとえばアプリケーションがparameters.jsonファイルを何度もロードしてパースしなければならない場合、元のサービスをラップして、それが最後に返した結果を覚えておくことが賢明な場合があります。

例9-10　CachedFileLoaderは必要な場合のみ実際のローダを呼び出す

```
final class CachedFileLoader implements FileLoader
{
    private FileLoader realLoader;

    private cache = [];

    public function __construct(FileLoader realLoader)
    {
        this.realLoader = realLoader;
    }

    public function loadFile(string filePath): array
    {
        if (isset(this.cache[filePath])) {          ❶
            return this.cache[filePath];
        }

        result = this.realLoader.loadFile(filePath); ❷

        this.cache[filePath] = result;              ❸

        return result;
    }
}

loader = new CachedFileLoader(new JsonFileLoader());

loader.load('parameters.json');                     ❹

loader.load('parameters.json');                     ❺
```

❶　このファイルは以前に読み込んだことがあるので、キャッシュされた結果を返すことができる。
❷　このファイルは以前に読み込んだことがないので、今読み込む。

❸　結果をキャッシュに保存し、次回からファイル読み込みを不要にする。
❹　これは JsonFileLoader へ呼び出しを転送する。
❺　2回目はファイルシステムをたたくことはない。

　このシナリオでコンポジションを使用する利点は、異なるファイルローダ実装間でキャッシュロジックを重複して書く必要がないことです。実際、CachedFileLoaderのロジックは、使用されているFileLoaderの実装には関係ありません。つまり、個別にテストできますし、個別に開発も可能です。もしキャッシュロジックをより高度なものにしたければ、このキャッシュ専用のクラスを変更するだけでよいのです。

練習問題

3.　次のコードにあるすべての log() 文は、このクラスの本当の目的がCSVファイルのインポートであることを分かりづらくしています。デコレーションとコンポジションを使って、log() 文を別のクラスに移動しましょう（ヒント：1行のインポート用のオブジェクトを導入して、それをデコレーションできるようにする必要があります）。

```
final class CsvFileImporter
{
    private Logger logger;

    public function __construct(Logger logger)
    {
        this.logger = logger;
    }

    public function import(string csvFile): void
    {
        this.logger.log('Importing file: ' . csvFile);

        foreach (linesIn(csvFile) as lineNumber => line) {
            this.logger.log('Importing line: ' . lineNumber);

            // 行のインポート
            fields = fieldsIn(line);
            // ...

            this.logger.log('Imported line: ' . lineNumber);
        }

        this.logger.log('Finished importing');
    }
}
```

9.5 追加の振る舞いには通知オブジェクトまたはイベントリスナを使う

コマンドメソッドの主な仕事とその副次的な仕事を分離する手法として、イベントリスナを使用することをすでに見てきました。サービスを再構成して、振る舞いを追加したい場合、同じテクニックを使うことができます。例として ChangeUserPassword サービスを見てみましょう。

例9-11 **ChangeUserPassword サービス**

```
final class ChangeUserPassword
{
    private PasswordEncoder passwordEncoder;

    public function __construct(
        PasswordEncoder passwordEncoder,
        /* ... */
    ) {
        // ...
    }

    public function changeUserPassword(
        UserId userId,
        string plainTextPassword
    ): void {
        encodedPassword = this.passwordEncoder.encode(
            plainTextPassword
        );

        // 新しいパスワードを保存する。
    }
}
```

このサービスに新しい要件が加わったとします。その要件とは、パスワードが変更されたことを伝えるために、変更後にユーザーにメールを送信するというものです（ハッカーがそれを行った場合に備えて）。既存のクラスとメソッドにさらにコードを追加する代わりに、イベントを発行し、メールを送信するリスナをセットアップする良い機会です。

例9-12 **UserPasswordChanged イベントクラスとそのリスナ**

```
final class UserPasswordChanged                    ❶
{
    private UserId userId;

    public function __construct(UserId userId)
    {
        this.userId = userId;
    }
}

final class SendUserPasswordChangedNotification ❷
{
```

```
        // ...

        public function whenUserPasswordChanged(
            UserPasswordChanged event
        ): void {
            // メールを送る。
        }
    }
```

❶ 新しいイベントタイプを定義。
❷ このイベントのリスナを定義。

最後に、新しく定義したUserPasswordChangedイベントを発行するために、ChangeUserPassword
サービスを書き直さなければなりません。

例9-13 UserPasswordChangedイベントを発行するChangeUserPassword

```
final class ChangeUserPassword
{
    private EventDispatcher eventDispatcher;

    public function __construct(
        /* ... */,
        EventDispatcher eventDispatcher
    ) {
        // ...
    }

    public function changeUserPassword(
        UserId userId,
        string plainTextPassword
    ): void {
        encodedPassword = this.passwordEncoder.encode(
            plainTextPassword
        );

        // 新しいパスワードを保存する。

        this.eventDispatcher.dispatch(
            new UserPasswordChanged(userId)
        );
    }
}

listener = new SendUserPasswordChangedNotification(/* ... */); ❶
eventDispatcher = new EventDispatcher([
    UserPasswordChanged.className => [
        listener,
        'whenUserPasswordChanged'
    ]
]);

service = new ChangeUserPassword(/* ... */, eventDispatcher);

service.changeUserPassword(new UserId(/* ... */), 'Test123'); ❷
```

❶　リスナをきちんと正しい方法で登録する。
❷　これにより、UserPasswordChangedイベントがSendUserPasswordChangedNotificationリスナに発行される。

　イベントディスパッチャを使うことの利点は、既存のロジックを修正することなく、サービスに新しい振る舞いを追加できることです。イベントディスパッチャを一度構成すれば、新しい振る舞いを追加できるようになります。既存のイベントに対して、いつでも別のリスナを登録できます。

　イベントディスパッチャを使うことの欠点は、非常に一般的な名前を持っていることです。コードを読むと、dispatch()の呼び出しの裏で何が起こっているのかがよくわからなくなります。また、あるイベントに対してどのリスナが応答するのかを把握するのも、少々難しいかもしれません。別の解決策は、独自の抽象を導入することです。

　例として、与えられたディレクトリからCSVファイルをインポートし、ほかのサービスがインポート処理をリッスンできるようにイベントを発行する、次のImporterクラスを見てみましょう。

例9-14　Importerのイベント発行

```
final class Importer
{
    private EventDispatcher dispatcher;

    public function __construct(EventDispatcher dispatcher)
    {
        this.dispatcher = dispatcher;
    }

    public function import(string csvDirectory): void
    {
        foreach (Finder.in(csvDirectory).files() as file) {
            // ファイルの読み込み
            lines = /* ... */;

            foreach (lines as index => line) {
                if (index == 0) {
                    // ヘッダーのパース
                    header = /* ... */;

                    this.dispatcher.dispatch(
                        new HeaderImported(file, header)
                    );
                } else {
                    data = /* ... */;

                    this.dispatcher.dispatch(
                        new LineImported(file, index)
                    );
                }
            }

            this.dispatcher.dispatch(
                new FileImported(file)
            );
```

```
            }
        }
    }
```

　ここで、すべてのイベントに対して同一のリスナのみがあるとします。そのリスナは、イベント
に関するデバッグ情報をログファイルに書き込むというものです。これは非常にシンプルなタスク
ですが多くのコードが必要になります。イベントとイベントリスナクラスを書き、リスナを正しい
方法で登録する必要があります。

　ご存じのように、これらのリスナのほとんどは同じ種類の仕事をしているので、この振る舞いを
多くのクラスに分散させるのではなく、ひとつのクラスにまとめて独自の抽象を導入した方がよい
でしょう。それがImportNotificationsです。

例9-15　単一の抽象ですべてのインポートイベントを置き換える

```
interface ImportNotifications
{
    public function whenHeaderImported(
        string file,
        array header
    ): void;

    public function whenLineImported(
        string file,
        int index
    ): void;

    public function whenFileImported(
        string file
    ): void;
}

final class ImportLogging implements ImportNotifications
{
    private Logger logger;

    public function __construct(Logger logger)
    {
        this.logger = logger;
    }

    public function whenHeaderImported(
        string file,
        array header
    ): void {
        this.logger.debug('Imported header ...');
    }

    // など
}
```

Importerクラスにイベントディスパッチャを注入する代わりに、ImportNotificationsの

インスタンスを注入できるようになりました。そして、dispatch()を呼び出す代わりに、注入されたImportNotificationsインスタンスの専用のイベントメソッドを呼び出すようにします。

例9-16　ImporterがEventDispatcherの代わりにImportNotificationsを呼び出す

```
final class Importer
{
    private ImportNotifications notify;

    public function __construct(ImportNotifications notify)
    {
        this.notify = notify;
    }

    public function import(string csvDirectory): void
    {
        foreach (Finder.in(csvDirectory).files() as file) {
            // ファイルの読み込み
            lines = /* ... */;

            foreach (lines as index => line) {
                if (index == 0) {
                    // ヘッダーのパース
                    header = /* ... */;

                    this.notify.whenHeaderImported(
                        file,
                        header
                    );
                } else {
                    data = /* ... */;

                    this.notify.whenLineImported(file, index);
                }
            }

            this.notify.whenFileImported(file);
        }
    }
}
```

　もし、ログの記録以外に、デバッグ情報を画面に出力したい場合は、同じクラスで簡単に実現できます。あるいは、別のクラスを追加して、片方だけでなく両方の振る舞いを呼び出すために、再びオブジェクトコンポジションを使うこともできます。

9.6　オブジェクトの振る舞いを変更するために継承を使用しない

　先ほど説明したParameterLoaderの例について、もう一度見てみましょう。元のクラスが次のリストのようなものだったとしたらどうでしょう？

例9-17　前に見たものとは異なる`ParameterLoader`

```
class ParameterLoader
{
    public function load(filePath): array
    {
        // ...

        rawParameters = this.loadFile(filePath);

        // ...

        return parameters;
    }

    protected function loadFile(string filePath): array
    {
        return json_decode(
            file_get_contents(filePath),
            true
        );
    }
}
```

重要な違いは2つあります。

- `ParameterLoader`クラスは`final`でないため、`ParameterLoader`を継承したサブクラスを定義できます。
- ファイルを読み込むための専用メソッドが用意され、このメソッドは`protected`であるため、サブクラスでオーバーライドできます。

クラス内部が完全に公開されたので、クラスの拡張やコアロジックの継承、ファイル読み込み部分をオーバーライドしてXMLを扱えるようにするといったことが可能になりました。

例9-18　`ParameterLoader`を拡張してXMLファイルの読み込みを可能にする

```
final class XmlFileParameterLoader extends ParameterLoader
{
    protected function loadFile(string filePath): array
    {
        rawXml = file_get_contents(filePath);

        // 配列に変換

        return /* ... */;
    }
}
```

ご想像の通り、この解決策には、ファイルローダの抽象によって得られていた、コンポジションによって複数のファイルローダを一度にサポートするといった利点がすべて備わっているわけではありません。既存の`ParameterLoader`クラス自体を継承するというこの代替策には、柔軟性や再

構成性がありません。実際、既存のオブジェクトの振る舞いを変更するためにクラス継承を使用すると、多くのデメリットが生じます。

- **サブクラスと親クラスが結合してしまう**：通常はクラスのパブリックインタフェースの後ろに隠されているような実装の詳細を変更すると、サブクラスの実装が壊れる可能性があります。protectedメソッドの名前が変更されたり、必要なパラメータが追加されたりしたらどうなるかを考えてみてください。
- **サブクラスはprotectedメソッドだけでなくpublicメソッドもオーバーライドできてしまう**：サブクラスはこれまで内部情報であったprotectedプロパティとそのデータ型にアクセスできます。言い換えれば、オブジェクトの内部情報の多くが公開されることになります。

その代わりに、親クラスがいわゆる**テンプレート**メソッドを提供し、実装者がそのメソッドのみを提供することで、必要以上の内部情報を公開しないようにしたらどうでしょうか？次のリストは、これがどのようなものかを示しています。

例9-19　テンプレートメソッドパターンを実装したParameterLoader

```
abstract class ParameterLoader
{
    // ...

    final public function load(filePath): array          ❶
    {
        parameters = [];

        foreach (/* ... */) {
            // ...
            if (/* ... */) {
                rawParameters = this.loadFile(filePath);
                // ...
            }
        }

        return parameters;
    }

    abstract protected function loadFile(string filePath): array; ❷
}
```

❶　プロパティはすべて「private」にして、親クラス内にとどめる。すべてのメソッドを「final」にして、オーバーライドできないようにする。
❷　ひとつのメソッドのみ実装を許可する（オーバーライドは不可）。

先ほどよりは良い方法ですが、まだ最適とは言えません。継承のデメリットはなくなるかもしれませんが、コンポジションによる無限の可能性も持っていません。

この例から一般化して、**テンプレート**メソッドパターンでできることはすべてコンポジションでも実現できると言えます。abstract protectedメソッドを、注入されたオブジェクトの通常の

publicメソッドに昇格させればよいだけです。そして、クラス自体を再びfinalにすればよいのです。初めに示したParameterLoaderは、すでにそうしていました。

例9-20　finalにしたParameterLoader

```
final class ParameterLoader
{
    private FileLoader fileLoader;

    public function __construct(FileLoader fileLoader)
    {
        this.fileLoader = fileLoader;
    }

    final public function load(filePath): array
    {
        parameters = [];

        foreach (/* ... */) {
            // ...
            if (/* ... */) {
                rawParameters = this.fileLoader.loadFile( ❶
                    filePath
                );

                // ...
            }
        }

        return parameters;
    }
}
```

❶　先ほどのprotected loadFile()メソッドの代わりに、ここでは注入されたFileLoaderのpublic
loadFile()メソッドを使う。

いまだに多くのプロジェクトがデフォルトでクラスを「final」にしていないため、クラスを拡張することでオブジェクトの振る舞いを変更できるフレームワークやライブラリに多く出会うでしょう。そのようなことは避けてください。常にpublicメソッドのみを使用する解決策を選択してください。できれば、クラスの公開インタフェースの一部であるメソッドを使用してください。ほかのクラスを継承して、クラス内部に依存しないようにしましょう。クラス内部に依存するということは、フレームワークやライブラリが公開・サポートしているAPIよりも、変更される可能性が高いものに依存することになり、あなたのコードは脆くなります。

9.6.1　どのような場合に継承を使用するのがよいのでしょうか？

大まかに言って、継承は型の厳密な階層を定義するためにのみ使用されるべきです。たとえば、コンテンツブロックがパラグラフかイメージのどちらかである場合、Paragraph extends ContentBlockやImage extends ContentBlockと書くことができます。しかし実際には、継

承が有効なケースはあまり見当たりません。たいてい、ちょっと不格好だったり、「無理矢理」だったり、すぐに邪魔になり始めます。

　継承は通常コードの再利用のために使われますが、コンポジションはより強力なコードの再利用の形となります。しかし、エンティティやバリューオブジェクトのように、依存関係の注入をサポートしていない種類のオブジェクトもあるので、コンポジションだけでコードの再利用を実現するのは無理があります。そのような場合はトレイト（trait）を使うことをお勧めします。トレイトは継承ではありません。なぜなら、トレイトは、親クラスやインタフェースのように最終的にクラスの階層の一部とならないからです。トレイトは単純なコードの再利用、つまりコンパイラレベルでのコードのコピー＆ペーストです。

　たとえば、すべてのエンティティでドメインイベントを記録したい場合、エンティティに対して以下のようなインタフェースを定義しましょう。これにより、すべてのエンティティがイベントを取得するためのメソッドと、イベントを発行した後にそれをクリアするためのメソッドを持つようになります。

```
interface RecordsEvents
{
    public function releaseEvents(): array;

    public function clearEvents(): void;
}
```

　すべてのエンティティはこれらのメソッドに対して同じ実装を持つことになりますが、その実装をすべてのエンティティクラスに手動でコピー＆ペーストしたくはないでしょう。こう言った場合にtraitを使用できます。

```
trait EventRecordingCapabilities
{
    private array events;

    private function recordThat(object event): void
    {
        this.events[] = event;
    }

    public function releaseEvents(): array
    {
        return this.events;
    }

    public function clearEvents(): void
    {
        this.events = [];
    }
}
```

　エンティティはこのインタフェースを実装し、このトレイトを使用するだけで、「イベント記録機

能」を持つことになります。

```
final class Product implements RecordsEvents
{
    use EventRecordingCapabilities;

    // ...
}
```

9.7　デフォルトでクラスをfinalとする

　サービスの場合、クラスをfinalとすることはすでに説明しました。継承の代わりにオブジェクトコンポジションを使用して振る舞いを変更することは、より柔軟で優れた方法です。この方法であれば、クラスの拡張を許可する必要はまったくありません。これらのオブジェクトは内部構造を自分たちの中にとどめ、クライアントにはそのパブリックインタフェースの一部である振る舞いだけを使用させることができます。つまり、すべてのクラスはfinalにでき、またそうする必要があります。これにより、そのクラスが拡張されたり、メソッドがオーバーライドされることを意図していないとクライアントに明確に示すことができます。そうすることで、ユーザーはその振る舞いを変更するためのより良い方法を探さなければならなくなります。

　エンティティやバリューオブジェクトのようなほかの種類のオブジェクトについても、「それらもfinalであるべきか?」と問うべきです。そして、その答えはイエスです。これらのオブジェクトは、ドメインの概念と、それについて得た知識を表します。これらのクラスを継承して、その振る舞いの一部をオーバーライドするのはおかしな話です。もしあなたがドメインについて何かを学んで、あるエンティティの振る舞いを変えたくなったら、その振る舞いを変えるためにサブクラスを作るのではなく、エンティティそのものを変えるべきなのです。

　唯一の例外は、オブジェクトの階層を宣言したい場合です。その場合、親クラスから継承することで、これらのオブジェクトの関係を示すことができます。つまり、サブクラスは親クラスの特別なケースと見なされます。その場合、サブクラスは親クラスを拡張できなければならないので、親クラスはfinalにはなりません。

9.8　デフォルトでメソッドやプロパティをprivateとする

　これまでのところ、本書のすべての例では、privateなプロパティを持つfinalクラスを示しました。クラスをfinalにするということは、もはやprotectedプロパティは不要でしょう。一般に、クラスは拡張するために使われることはないので、内部構造をすべて自分たちの中にとどめることができます。クライアントがオブジェクトとやりとりする唯一の方法は、オブジェクトを構築し、そのオブジェクトのパブリックメソッドを呼び出すことです。クラス定義自体を内部にとど

めることで、本当に強いオブジェクトを設計できます。公開されたインタフェースで定義された契約を破らない限り、オブジェクトの内部について何でも自由に変更できることは大きな利点です。

練習問題

4. 次のクラスに関して、このクラスを継承するクラスはなく、また継承されるように設計されてもいません。このクラスの定義について、何を変更すべきでしょうか？

```
class Product
{
    protected int id;
    protected string description;

    // ...
}
```

a. クラスをabstractとする。

b. クラスをfinalとする。

c. プロパティをprivateとする。

d. プロパティをpublicとする。

5. 次のコードのどこが問題でしょうか？

```
class Preferences
{
    private string preferencesFilePath;

    public function __construct(string preferencesFilePath)
    {
        this.preferencesFilePath = preferencesFilePath;
    }

    public function getPreference(
        string preference,
        bool defaultValue
    ): bool {
        preferences = this.loadPreferences();

        if (isset(preferences[preference])) {
            return preferences[preference];
        }

        return defaultValue;
    }

    protected function loadPreferences(): array
    {
        return json_decode(
            file_get_contents(preferencesFilePath)
        );
```

```
    }
}

final class DatabaseTablePreferences extends Preferences
{
    private Connection connection;

    public function __construct(Connection connection)
    {
        this.connection = connection;
    }

    protected function loadPreferences(): array
    {
        return this.connection.executeQuery(
            'SELECT * FROM preferences'
        ).fetchAll();
    }
}
```

a. DatabaseTablePreferencesがサービスの振る舞いを変更するために継承を使用している点。

b. PreferencesがDatabaseTablePreferencesを継承すべき。

c. Preferencesは、別の場所からプリファレンスをロードできるように、イベントを発行すべき。

d. プリファレンスのロードは、独自のインタフェースを持つ専用のサービスに委譲すべき。

9.9　まとめ

- サービスの振る舞いを変更する必要がある場合は、コンストラクタ引数で振る舞いを設定できる方法を探しましょう。より大きなロジックを置き換える必要があり、この方法が使えない場合は、コンストラクタ引数として渡される依存関係を置き換える方法を探しましょう。

- 変更したい振る舞いがまだ依存関係として表現されていない場合は、より高レベルの概念とインタフェースによる抽象を導入することで依存関係を抽出しましょう。そうすることで、変更するのではなく、置き換えることができる部分を手に入れることができます。抽象によって、振る舞いを合成したり、装飾したりできるようになり、元のサービスがそれを知らなくても（あるいはそのために変更されなくても）、より複雑なことができるようになります。

- 継承を使って、サービスのメソッドをオーバーライドすることで振る舞いを変更するのはやめましょう。常にオブジェクトコンポジションを使用した解決策を探しましょう。実際には、すべてのクラスを完全に継承できないようにしましょう。クラスはfinalとし、クラスのパ

ブリックインタフェースの一部でない限り、すべてのプロパティとメソッドをprivateにしましょう。

9.10　練習問題の解答

1. 正解：**b**。一般的なConfigオブジェクトを注入するのは賢明な選択ではありません（「2.3 サービスロケータを注入するのではなく、必要なもの自体を注入する」も参照）。ベースURL専用の設定値を注入することは、非常に理にかなっています。設定値をsendRequest()の引数として渡すことも選択肢のひとつではありますが、それはすべてのクライアントにこの値を知ることを強いることになります。これはコードの保守性にも悪いですが、そのクライアントにとっても非常に不都合です。

2. 模範解答：ログメッセージのフォーマッタとログメッセージのライタは、独自のインタフェースを持ち、Loggerにすでにあるコードに基づいて標準的な実装を持つべきです。

```
interface Formatter
{
    public function format(
        string message,
        array context
    ): string;
}

final class JsonEncodedContextFormatter implements Formatter
{
    public function format(string message, array context): string
    {
        return message . ' ' . json_encode(context);
    }
}

interface Writer
{
    public function write(string formattedMessage): void;
}

final class FileWriter implements Writer
{
    public function write(string formattedMessage): void
    {
        handle = fopen(logFilePath);
        fwrite(formattedMessage);
    }
}

final class Logger
{
    private Formatter formatter;
    private Writer writer;
```

```
    public function __construct(
        Formatter formatter,
        Writer writer
    ) {
        this.formatter = formatter;
        this.writer = writer;
    }

    public function log(string message, array context): void
    {
        this.writer.write(
            this.formatter.format(message, context)
        );
    }
}
```

3. 模範解答：次のコードは、可能な解決策のひとつです。log()文を取り除くだけでも多くのコードが必要ですので、みなさんが利用しているプログラミング言語向けのアスペクト指向プログラミング（aspect-oriented programming、AOP）ソリューションを調べてもよいでしょう。AOPツールでは、既存のメソッド呼び出しにフックして、そのメソッドの前や後にコードを実行できます。

```
interface LineImporter                                        ❶
{
    public function import(int lineNumber, string line): void;
}

final class DefaultLineImporter implements LineImporter
{
    public function import(int lineNumber, string line): void
    {
        // 行のインポート
        fields = fieldsIn(line);                              ❷
        // ...
    }
}

final class LoggingLineImporter implements LineImporter
{
    private LineImporter actualLineImporter;
    private Logger logger;

    public function __construct(
        LineImporter actualLineImporter,
        Logger logger
    ) {
        this.actualLineImporter = actualLineImporter;         ❸
        this.logger = logger;
    }

    public function import(int lineNumber, string line): void
    {
        this.logger.log('Importing line: ' . lineNumber);
```

```
            this.actualLineImporter.import(lineNumber, line);

            this.logger.log('Imported line: ' . lineNumber);
        }
    }

    interface FileImporter                                              ❹
    {
        public function import(string file): void;
    }

    final class CsvFileImporter implements FileImporter
    {
        private LineImporter lineImporter

        public function __construct(LineImporter lineImporter)
        {
            this.lineImporter = lineImporter;
        }

        public function import(string file): void
        {
            foreach (linesIn(csvFile) as lineNumber => line) { ❺
                this.lineImporter.import(lineNumber, line);
            }
        }
    }

    final class LoggingFileImporter implements FileImporter         ❻
    {
        private Logger logger;
        private FileImporter actualFileImporter;

        public function __construct(
            FileImporter actualFileImporter,
            Logger logger
        ) {
            this.actualFileImporter = actualFileImporter;
            this.logger = logger;
        }

        public function import(string csvFile): void
        {
            this.logger.log('Importing file: ' . csvFile);

            this.actualFileImporter.import(csvFile);

            this.logger.log('Finished importing');
        }
    }

    logger = // ...
    importer = new LoggingFileImporter(                             ❼
        new CsvFileImporter(
            new LoggingLineImporter(
                new DefaultLineImporter(),
```

```
            logger
        )
    ),
    logger
);
importer.import(/* ... */);
```

❶　`LineImporter`インタフェースは、行をインポートする部分への拡張ポイントを定義する。
❷　`DefaultLineImporter`には、行をインポートするための元のコードが含まれている。
❸　`LoggingLineImporter`は、実際に行をインポートする前と後にロギングを追加する。
❹　`FileImporter`インタフェースは、元の`CsvFileImporter`に対してデコレートを可能にする。
❺　元の`CsvFileImporter`は`FileImporter`を実装している。
❻　`LoggingFileImporter`はファイルインポートの前後にロギングを追加する。
❼　インポーターのインスタンス化は複雑になったが、使い方は変わっていない。

4.　正解：**b**と**c**。クラスを`abstract`とすることは逆、つまり拡張されることを意図していることを意味します。プロパティを`public`とすると、`Product`のクライアントに完全に公開することになり、これはほぼ常に望ましくありません。

5.　正解：**a**と**d**。サービスの振る舞いを変更するために継承を使用することは推奨されません。逆に拡張しても状況は改善されませんし、イベントを使うこともできません。イベントは通知であり、ほかのサービスがさらにアクションを起こせるようにするもので、サービス自体の振る舞いを変更するものではありません。継承を使用する代わりに、`Preference`クラスはプリファレンスの読み込みを、置換や装飾が可能な別のサービスに委譲する必要があります。

10章
オブジェクトフィールドガイド

本章の内容

- 典型的なWebアプリケーションで見かけるさまざまな種類のオブジェクト
- 異なる種類のオブジェクトがどのように連携するか
- これらのオブジェクトがどのアプリケーションレイヤに存在するか
- これらのレイヤはどのように関連しているか

　ここまで、オブジェクト設計のためのスタイルガイドラインについて説明してきました。このスタイルガイドラインは、あらゆる場所に適用できる汎用的なルールであることを意図していますが、そのことはアプリケーション内のすべてのオブジェクトが同じように見えることを意味するわけではありません。あるオブジェクトは多くのクエリメソッドを持つかもしれませんし、あるオブジェクトはコマンドメソッドしか持たないかもしれません。あるものは、その両方を一定の比率で持っているでしょう。異なる種類のオブジェクトが、しばしばある程度の特徴を共有し、その結果それらにパターン名が考案される場合があります。たとえば、開発者は「エンティティ」「バリューオブジェクト」「アプリケーションサービス」などという名前でオブジェクトの**性質**を示すでしょう。

　本書の最後の部分では、実際のアプリケーションで見かける一般的なオブジェクトの種類と、それらをどう識別するかについて説明します。この意味で、以降の節はオブジェクトの「フィールドガイド」を構成します。もし、あるカテゴリにあまり当てはまらないオブジェクトを見つけた場合、このガイドが、そのオブジェクトをほかの種にうまく適合するように再設計すべきかどうかを判断する助けになるかもしれません。その一方で、本章で説明されているどのオブジェクトにも似ていないオブジェクトに出会ったとしても、心配は無用です。本書のオブジェクト設計のガイドラインを守っている限り、まったく問題ありません。

　図10-1は、この後の節で出てくるオブジェクトの種類を簡単に示したものです。もし本章を読んでいて迷子になったら、これを参考にしてください。

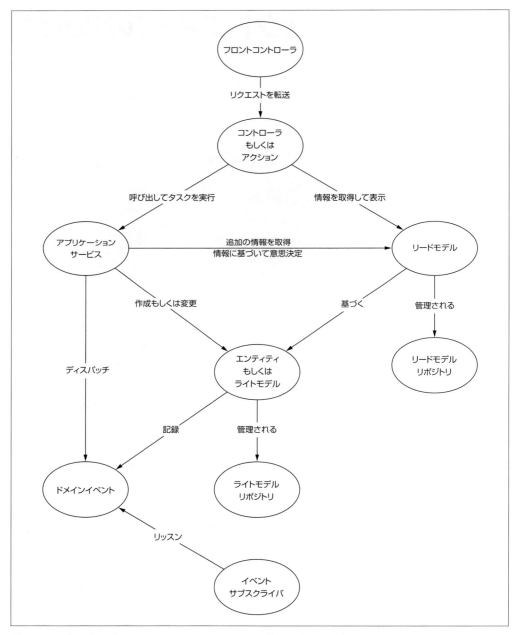

図10-1　通常の（Web）アプリケーションにおける、さまざまな種類のオブジェクトとそれらの協力のしかた

10.1　コントローラ

　アプリケーションには、必ず何らかの**フロントコントローラ**が存在します。これは、すべてのリクエストがやってくる場所です。PHPを使用している場合、これはindex.phpファイルかもしれません。JavaのSpringフレームワークでは、DispatcherServletがこの役割を果たします。リクエストURI、メソッド、ヘッダなどに基づいて、呼び出しは**コントローラ**に転送され、そこでアプリケーションは適切なレスポンスを返す前に必要なことを何でも行うことができます。コマンドライン（CLI）アプリケーションの場合、「フロントコントローラ」は、bin/console[†1]やartisan[†2]などのような実行ファイルになります。ユーザーが提供する引数に基づいて、呼び出しは**コマンド**オブジェクトのようなものに転送され、そこでアプリケーションはユーザーが要求したタスクを実行できます。

　技術的にはまったく異なるものですが、コンソールコマンドは概念的にはWebコントローラと非常によく似ています。どちらも、Webリクエストを送ったり、あるいはコンソールアプリケーションを実行した人やほかのアプリケーションによって、アプリケーションの外から要求された作業を行うものです。そこで、コンソールコマンドとWebコントローラの両方を「コントローラ」と呼ぶことにします。

　コントローラは通常、呼び出し元がどこから来たかを明らかにするコードを持ちます。そこではRequestオブジェクト、リクエストパラメータ、フォーム、HTMLテンプレート、**セッション**、そして**Cookie**について記述されているでしょう（**図10-2**を参照）。これらはすべてWebの概念です。ここで使われるクラスは、アプリケーションが使用しているWebフレームワークによって提供されることが多いです。

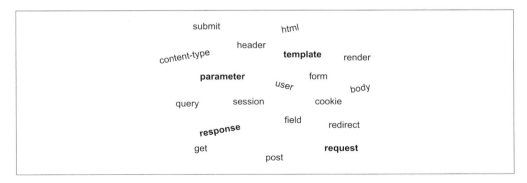

図10-2　Webコントローラに含まれる用語のワードクラウド

---

†1　訳注：PHPのWebフレームワークであるSymfonyに付属するコマンドラインツール
†2　訳注：PHPのWebフレームワークであるLaravelに付属するコマンドラインツール

　そのほかのコントローラでは、コマンドライン引数やオプション、フラグについて記述し、ターミナルにテキスト行を出力したりターミナルが理解できるようにフォーマットしたりするコードを含んでいます（**図10-3**を参照）。これらはすべて、このクラスがコマンドラインから入力を受け取り、出力を生成することを示すものです。

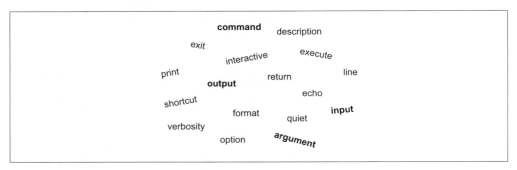

図10-3　コンソールコマンドに含まれる用語のワードクラウド

　コントローラでは、その呼び出しをどのように受け取ったのか（Web、ターミナル）について記述するので、コントローラは**インフラストラクチャ**コードと考えるべきです。コントローラは、**外の世界**に住むクライアントと、アプリケーションの**コア**との間の接続を取り持ちます。

　コントローラは、提供された入力を調べると、必要な情報を取得し、**アプリケーションサービス**または**リードモデルリポジトリ**を呼び出します。アプリケーションサービスは、コントローラが何らかのタスクを実行するときに呼び出されます。たとえば、アプリケーションの状態を変更したり、メールを送信したりするときです。リードモデルリポジトリは、クライアントから要求された情報をコントローラが返す場合に使用されます。

オブジェクトがコントローラであるのは次の場合

- そのオブジェクトが、フロントコントローラから呼び出され、サービスとその依存関係のグラフのエントリポイントのひとつになっている場合（「2.12 サービスは少数のエントリポイントを持つイミュータブルなオブジェクトグラフとして定義する」を参照）。
- そのオブジェクトに、呼び出しがどこから来たのかを明らかにするためのインフラストラクチャコードが含まれている場合。
- アプリケーションサービスかリードモデルリポジトリ（またはその両方）を呼び出している場合。

　典型的なWebコントローラは次のリストのようなものです（この例で使われているフレームワークは、PHPのWebアプリケーション用の強固なフレームワークであるSymfony（https://symfony.com/）です）。

例10-1　典型的なWebコントローラ

```
namespace Infrastructure\UserInterface\Web;

use Infrastructure\Web\Form\ScheduleMeetupType;
use Symfony\Bundle\FrameworkBundle\Controller\AbstractController;
use Symfony\Component\HttpFoundation\RedirectResponse;
use Symfony\Component\HttpFoundation\Response;
use Symfony\Component\HttpFoundation\Request;

final class MeetupController extends AbstractController
{
    public function scheduleMeetupAction(Request request): Response
    {
        form = this.createForm(ScheduleMeetupType.className);

        form.handleRequest(request);

        if (form.isSubmitted() && form.isValid()) {
            // ...

            return new RedirectResponse(
                '/meetup-details/' . meetup.meetupId()
            );
        }

        return this.render(
            'scheduleMeetup.html.twig',
            [
                'form' => form.createView()
            ]
        );
    }
}
```

　コマンドライン用のコントローラは、次のようなものになります。

例10-2　典型的なコマンドラインコントローラ、もしくは「コンソールコマンド」

```
namespace Infrastructure\UserInterface\Cli;

use Symfony\Component\Console\Command\Command;
use Symfony\Component\Console\Input\InputInterface;
use Symfony\Component\Console\Output\OutputInterface;

final class ScheduleMeetupCommand extends Command
{
    protected function configure()
    {
        this
            .addArgument('title', InputArgument.REQUIRED)
```

```
            .addArgument('date', InputArgument.REQUIRED)
            // ...
        ;
    }

    public function execute(
        InputInterface input,
        OutputInterface output
    ) {
        title = input.getArgument('title');
        date = input.getArgument('date');

        // ...

        output.writeln('Meetup scheduled');
    }
}
```

10.2　アプリケーションサービス

　アプリケーションサービスは実行されるタスクを表します。これは、コンストラクタ引数として依存関係を注入してもらいます。ログインしているユーザーIDや現在時刻などのコンテキスト情報を含む、タスクの実行に必要なすべての関連データ（「2.8 タスクに関連するデータはコンストラクタ引数ではなくメソッド引数として渡す」を参照）は、メソッド引数として提供されます。クライアント自身から渡されるデータはプリミティブ型です。コントローラはクライアントから送られてきたデータを変換することなく、そのままアプリケーションサービスに提供します。

　アプリケーションサービスのコードは、仕事をするために必要なすべてのステップを記したレシピのように読むことができるべきです。たとえば「このライトモデルリポジトリからオブジェクトを取り出し、それに対するメソッドを呼び出し、再び保存する」や「このリードモデルリポジトリから情報を収集し、あるユーザーにレポートを送信する」といった具合です。

オブジェクトがアプリケーションサービスであるのは次の場合

- 単一のタスクを実行する場合。
- インフラストラクチャコード、つまりWebリクエスト自体やSQLクエリ、ファイルシステムなどを扱うコードを含まない場合。
- アプリケーションが持つべき単一のユースケースを記述している場合。これは、しばしばステークホルダからの機能要求と一対一で対応します。たとえば、カタログに商品を追加する、注文をキャンセルする、顧客に納品書を送る、などといったものです。

　例10-1と例10-2で見たWebコントローラとコンソールハンドラは、リクエスト（フォーム経由）またはコマンドライン引数からデータを受け取り、次のようにアプリケーションサービスに提供します。

例10-3　アプリケーションサービス

```
namespace Application\ScheduleMeetup;

use Domain\Model\Meetup\Meetup;
use Domain\Model\Meetup\MeetupRepository;
use Domain\Model\Meetup\ScheduleDate;
use Domain\Model\Meetup\Title;

final class ScheduleMeetupService
{
    private MeetupRepository meetupRepository;

    public function __construct(MeetupRepository meetupRepository)
    {
        this.meetupRepository = meetupRepository;
    }

    public function schedule(                        ❶
        string title,
        string date,
        UserId currentUserId
    ): MeetupId {
        meetup = Meetup.schedule(                    ❷
            this.meetupRepository.nextIdentity(),
            Title.fromString(title),
            ScheduledDate.fromString(date),
            currentUserId
        );

        this.meetupRepository.save(meetup); ❸

        return meetup.meetupId();                    ❹

    }
}
```

❶　アプリケーションサービスは、プリミティブ型の引数を受け取る。
❷　プリミティブ型の値をバリューオブジェクトに変換し、それらのオブジェクトを使用して新しいMeetupエンティティをインスタンス化する。
❸　ライトモデルリポジトリにMeetupを保存する。
❹　最後に、新しいMeetupの識別子を返す。

　アプリケーションサービスを「コマンドハンドラ」と呼ぶこともありますが、アプリケーションサービスであることに変わりはありません。プリミティブ型の引数を使ってアプリケーションサービスを呼び出す代わりに、クライアントのリクエストをひとつのオブジェクトで表現した**コマンドオブジェクト**を提供して呼び出すこともできます。このようなオブジェクトは、クライアントから提供されたデータを運び、コントローラからアプリケーションサービスへまとめて転送するために

使用できるため、**データ転送オブジェクト**（DTO）と呼ばれます。これはシンプルで簡単に構築できるオブジェクトであるべきで、プリミティブ型の値、単純なリスト、そして何らかの階層が必要な場合はほかのDTOのみを含むべきです。

例10-4　アプリケーションサービスを呼び出す際にDTOを渡す例

```
namespace Application\ScheduleMeetup;

final class ScheduleMeetup      ❶
{
    public string title;
    public string date;
}

final class ScheduleMeetupService
{
    // ...

    public function schedule(  ❷
        ScheduleMeetup command,
        UserId currentUserId
    ): MeetupId {
        meetup = Meetup.schedule(
            this.meetupRepository.nextIdentity(),
            Title.fromString(command.title),
            ScheduledDate.fromString(command.date),
            currentUserId
        );

        // ...
    }
}
```

❶　このコマンドには、ミートアップをスケジュールするタスクを実行するために必要なデータが含まれている。
❷　アプリケーションサービスは、コマンドオブジェクトからデータを取得できる。

専用のコマンドオブジェクトを使う利点は、JSONやXMLのリクエストボディのような文字列データをデシリアライズして、簡単にインスタンス化できることです。また、送信されたデータをコマンドDTOプロパティに直接マッピングできるフォームライブラリともうまく機能します。

10.3　ライトモデルリポジトリ

多くの場合、アプリケーションサービスはアプリケーションの状態に変更を加えます。これは通常、ドメインオブジェクトが変更され、永続化される必要があることを意味します。アプリケーションサービスはこのために、**リポジトリ**という抽象を使用します。エンティティを取得し、それに加えられた変更を保存することに関心があるため、より具体的には**ライトモデルリポジトリ**を使います。

抽象自体は、アプリケーションサービスが依存関係として注入してもらうインタフェースになり

ます。このインタフェースは、オブジェクトが**どのように**永続化されるのかについての詳細は一切公開しません。getById()、save()、add()、update()のような汎用的なメソッドを提供するだけです。対応する実装が、どのSQLクエリを発行するか、どのORMを使ってオブジェクトをデータベースの行に対応させるか、などの詳細を埋めます。

オブジェクトがライトモデルリポジトリであるのは次の場合

- オブジェクトをストレージから取得したり、保存したりするためのメソッドを提供する場合。
- そのインタフェースが、中で使われる技術を隠蔽している場合。

例として、次のリストでは、**例10-3**のアプリケーションサービスが依存するMeetupRepositoryを示しています。

例10-5　ライトモデルリポジトリのインタフェースとその実装

```
namespace Domain\Model\Meetup;

interface MeetupRepository
{
    public function save(Meetup meetup): void;

    public function nextIdentity(): MeetupId;

    /**
     * @throws MeetupNotFound
     */
    public function getById(MeetupId meetupId): Meetup;
}

namespace Infrastructure\Persistence\DoctrineOrm;

use Doctrine\ORM\EntityManager;
use Domain\Model\Meetup\Meetup;
use Domain\Model\Meetup\MeetupId;
use Ramsey\Uuid\UuidFactoryInterface;

final class DoctrineOrmMeetupRepository
    implements MeetupRepository ❶
{
    private EntityManager entityManager;
    private UuidFactoryInterface uuidFactory;

    public function __construct(
        EntityManager entityManager,
        UuidFactoryInterface uuidFactory
    ) {
        this.entityManager = entityManager;
```

```
        this.uuidFactory = uuidFactory;
    }
    public function save(Meetup meetup): void
    {
        this.entityManager.persist(meetup);
        this.entityManager.flush(meetup);
    }
    public function nextIdentity(): MeetupId
    {
        return MeetupId.fromString(
            this.uuidFactory.uuid4().toString()
        );
    }
    // ...
}
```

❶　MeetupRepositoryのデフォルトの実装はDoctrine ORMを使用している。

10.4　エンティティ

　アプリケーションが再起動されても記憶されている、永続化されたオブジェクトこそがユーザーが気にかけるものです。これらはアプリケーションの**エンティティ**です。

　エンティティは、アプリケーションのドメイン概念を表します。エンティティは、関連するデータを含み、これらのデータに関連する有用な振る舞いを提供します。オブジェクト設計においては、エンティティはしばしば名前付きコンストラクタを持つことになります。そうすることで、そのエンティティを生成するためにドメイン独自の名前を使えるようになるからです（「3.9 名前付きコンストラクタを使う」を参照）。また、エンティティの状態を変更するコマンドメソッドであるモディファイアメソッドも持ちます（「4.6 ミュータブルオブジェクトではモディファイアメソッドはコマンドメソッドとする」を参照）。エンティティが持つクエリメソッドは、あったとしてもごくわずかです。情報の取得は、通常クエリオブジェクトと呼ばれる特定の種類のオブジェクトに委譲されます。これについては、またのちほど説明します。

適切なエンティティ

　ほかのオブジェクトと同様、エンティティは自らが無効な状態にならないよう、強固に自らを守ります。この定義に従えば、世の中の多くのエンティティは適切なエンティティとはみなされないはずです。

　状態の変更が許される場合、エンティティは通常、その変更を表すドメインイベントを生成します（「4.12 内部で記録されたイベントを使用してミュータブルオブジェクトの変更を検証する」を参照）。これらのイベントを使うことで、何が正確に変更されたかを把握し、イベントに応答するアプリケーションのほかの部分に対して、その変更を告知できます。

オブジェクトがエンティティであるのは次の場合

- 一意の識別子を持つ場合。
- ライフサイクルがある場合。
- ライトモデルリポジトリによって永続化され、後でそこから取得できる場合。
- 名前付きコンストラクタとコマンドメソッドを使用して、インスタンスを作成し、その状態を操作する方法をユーザーに提供している場合。
- インスタンス化されたり変更されたりしたときにドメインイベントを生成する場合。

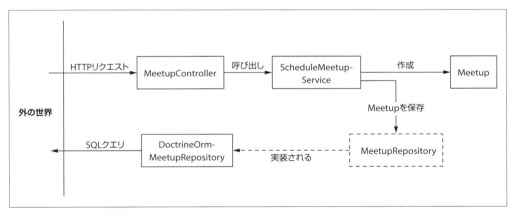

図10-4　これまでに説明した各オブジェクトが、連携してミートアップの予定を立てる様子

10.5　バリューオブジェクト

　バリューオブジェクトは、プリミティブ型の値のラッパで、それらの値に意味と有用な振る舞いを追加します。このオブジェクトについては、以前（3章）に詳しく説明しました。コントローラからアプリケーションサービス、そしてリポジトリへという過程で、多くの場合アプリケーションサービスがバリューオブジェクトのインスタンスを作成し、それをエンティティのコンストラクタ

やモディファイアメソッドの引数として渡します。そのため、バリューオブジェクトは最終的には
エンティティ内部で使用または保存されることになります。

　しかし、バリューオブジェクトはエンティティとの組み合わせだけで使われるものではないこと
を覚えておくとよいでしょう。どんな場所でも使えます。実際バリューオブジェクトを使うことは
値の受け渡しに好ましい方法です。

オブジェクトがバリューオブジェクトであるのは次の場合

- イミュータブルである場合。
- プリミティブ型のデータをラップしている場合。
- ドメイン固有の用語を使って意味を付加している（例：単なる int ではなく Year である）場合。
- 検証による制限（例：任意の文字列ではなく、「@」を含む文字列である）を課している場合。
- その概念に関連する有用な振る舞いを提供するのに適切な場所である場合（例：
  Position.toTheLeft(int steps)）。

　例10-3でインスタンス化したMeetupエンティティは、関連するバリューオブジェクトやドメ
インイベントとともに、次のような形になります。

例10-6　エンティティ

```
namespace Domain\Model\Meetup;

final class Meetup
{
    private array events = [];

    private MeetupId meetupId;
    private Title title;
    private ScheduledDate scheduledDate;
    private UserId userId;

    private function __construct()
    {
    }

    public static function schedule(
        MeetupId meetupId,
        Title title,
        ScheduledDate scheduledDate,
        UserId userId
    ): Meetup {
```

```
        meetup = new Meetup();

        meetup.meetupId = meetupId;
        meetup.title = title;
        meetup.scheduledDate = scheduledDate;
        meetup.userId = userId;

        meetup.recordThat(
            new MeetupScheduled(
                meetupId,
                title,
                scheduledDate,
                userId
            )
        );

        return meetup;
    }
    public function reschedule(ScheduledDate scheduledDate): void ❶
    {
        // ...

        this.recordThat(
            new MeetupRescheduled(this.meetupId, scheduledDate)
        );
    }

    public function cancel(): void
    {
        // ...
    }

    // ...

    private function recordThat(object event): void
    {
        this.events[] = event;
    }

    public function releaseEvents(): array
    {
        return this.events;
    }

    public function clearEvents(): void
    {
        this.events = [];
    }
}

final class Title
{
    private string title;

    private function __construct(string title)
    {
```

```
        Assertion.notEmpty(title);
        this.title = title;
    }

    public static function fromString(string title): Title      ❷
    {
        return new Title(title);
    }

    public function abbreviated(string ellipsis = '...'): string  ❸
    {
        // ...
    }
}

final class MeetupId
{
    private string meetupId;

    private function __construct(string meetupId)
    {
        Assertion.uuid(meetupId);
        this.meetupId = meetupId;
    }

    public static function fromString(string meetupId): MeetupId
    {
        return new MeetupId(meetupId);
    }
}
```

❶　これ以降のメソッドは、このMeetupエンティティが提供できるほかの振る舞いの例。
❷　ここでは通常のパブリックコンストラクタを使う方が良いかもしれない…
❸　これは、バリューオブジェクトが提供するのが適切と思われる便利な振る舞いの一例。

10.6　イベントリスナ

　私たちはすでにドメインイベントについて見てきました。これらは、ライトモデルの内部で起こったことをほかのサービスに通知するために使用できます。通知を受けたサービスは、主要な作業が行われた後に、副次的なアクションを実行できます。アプリケーションサービスはこれらの主要なタスクを実行するものであるため、ドメインイベントはアプリケーションサービスが完了した**後**にほかのサービスに通知するために使用できます。そのタイミングはアプリケーションサービスが完了する最後でもかまいません。このとき、アプリケーションサービスは、次のリストに示すように、変更したエンティティに記録されたイベントを取得し、**イベントディスパッチャ**に渡すことができます。

例10-7　アプリケーションサービスがドメインイベントを発行する

```
final class RescheduleMeetupService
```

```
{
    private EventDispatcher dispatcher;

    public function __construct(
        // ...
        EventDispatcher dispatcher
    ) {
        this.dispatcher = dispatcher;
    }

    public function reschedule(MeetupId meetupId, /* ... */): void
    {
        meetup = /* ... */;

        meetup.reschedule(/* ... */);

        this.dispatcher.dispatchAll(meetup.recordedEvents()); ❶
    }
}
```

❶　Meetupエンティティ内に記録されたイベントをすべて発行する。

　内部的には、ディスパッチャは、特定のタイプのイベントに対して登録された「リスナ」または「サブスクライバ」と呼ばれるサービスにすべてのイベントを転送します。

　そして、イベントリスナでは副次的な処理を実行できます。その中で、ほかのアプリケーションサービスを呼び出すこともできます。発生したドメインイベントに関する通知メールを送信するなど、必要なサービスを利用できます。たとえば、次のNotifyGroupMembersリスナは、ミートアップがリスケジュールされたときにグループメンバーに通知します。

例10-8　ドメインイベントに応答するイベントリスナ

```
final class NotifyGroupMembers ❶
{
    public function whenMeetupRescheduled(
        MeetupRescheduled event
    ): void {
        /*
         * イベントオブジェクトの情報を使ってグループメンバーにメールを送る。
         */
    }
}
```

❶　イベントリスナの便利な命名規則は、これから行うことを名前にするというもの（例：「グループメンバーに通知する（notify group members）」）。そして、メソッド名に、なぜそれを行うのかの理由を含める（例：「ミートアップがリスケジュールされた時（when meetup rescheduled）」）。

オブジェクトがイベントリスナであるのは次の場合

- そのオブジェクトがイミュータブルのサービスであり、その依存関係が注入されている場合。
- ドメインイベントを単一の引数として受け入れるメソッドを少なくともひとつ持っている場合。

10.7　リードモデルとリードモデルリポジトリ

先に述べたように、コントローラはタスクを実行するためにアプリケーションサービスを呼び出すことができますが、情報を取得するためにリードモデルリポジトリを呼び出すこともできます。このようなリポジトリは、オブジェクトを返します。これらのオブジェクトは操作されることは想定されておらず、情報を読み取るためのものです。以前、これらのオブジェクトを「クエリオブジェクト」と呼びました。クエリオブジェクトはクエリメソッドしか持っていないので、その状態をユーザーが変更することはありません。

コントローラ内でリードモデルリポジトリを呼び出すと、返されたリードモデルはテンプレートレンダラに渡され、テンプレートレンダラはそれを使ってHTMLレスポンスを生成できます。あるいは、API呼び出しに対するJSONエンコードされたレスポンスを生成するためにも、同じように簡単に使用できます。これらのすべての場合において、リードモデルは生成されるレスポンスに適合するように特別に設計されます。特定のユースケースに必要なすべてのデータは、リードモデルから利用可能であるべきで、追加のクエリは不要であるべきです。このようなリードモデルは、アプリケーションのコアから外の世界へデータを転送するために使用されることになるので、DTOとなります。そのようなリードモデルから取得できる値は、プリミティブ型であるべきです。

例として、次のリードモデルリポジトリを考えてみましょう。このリポジトリは今後のミートアップのリストを返します。これは単純なリストをレンダリングするというユースケースに特化したもので、そのために必要なデータのみを含んでいます。

例10-9　リードモデルとそのリポジトリ

```
namespace Application\UpcomingMeetups;

final class UpcomingMeetup                    ❶
    public string title;
    public string date;
}

interface UpcomingMeetupRepository            ❷
{
    /**
```

```
     * @return UpcomingMeetup[]
     */
    public function upcomingMeetups(DateTime today): array;
}

namespace Infrastructure\ReadModel;

use Application\UpcomingMeetups\UpcomingMeetupRepository;
use Doctrine\DBAL\Connection;

final class UpcomingMeetupDoctrineDbalRepository implements
    UpcomingMeetupRepository
{
    private Connection connection;

    public function __construct(Connection connection)
    {
        this.connection = connection;
    }

    public function upcomingMeetups(DateTime today): array
    {
        rows = this.connection./* ... */; ❸

        return array_map(
            function (array row) {
                upcomingMeetup = new UpcomingMeetup();
                upcomingMeetup.title = row['title'];
                upcomingMeetup.date = row['date'];

                return upcomingMeetup;
            },
            rows
        );
    }
}
```

❶ UpcomingMeetupはリードモデル（または「ビューモデル」）— Webページにリストで表示される今後のミートアップについての関連データを保持するDTO。
❷ 合わせて、UpcomingMeetupのインスタンスを返すリポジトリがあり、Webコントローラで使用したり、テンプレートレンダラに渡したりできる。
❸ UpcomingMeetupRepositoryのこの実装では、データベースから直接データを取得する。そして、UpcomingMeetupリードモデルのインスタンスを作成する。

アプリケーションサービス自体も、リードモデルリポジトリを使用して情報を取得できます。そして、その情報を使って、意思決定やさらなるアクションを起こすことができます。アプリケーションサービスで使用されるリードモデルは、レスポンスを生成するために使用されるリードモデルよりも「賢い」リードモデルであることがよくあります。そのようなリードモデルでは、戻り値としてプリミティブ型の値ではなく、適切なバリューオブジェクトを使用します。そのため、アプリケーションサービスはリードモデルの妥当性について心配する必要がありません。このようなリードモデルは、変更する方法がないという点を除いては、それ自体がライトモデルであるかのように

感じられることがよくありますが、ともかくこれはクエリオブジェクトです。

　リードモデルリポジトリ自体については、抽象と具象実装に分離されるべきです。ライトモデルリポジトリと同じように、インタフェースによって、リードモデルを取得するために使用できるひとつ以上のクエリメソッドを提供します。インタフェースは、これらのモデルの下にあるストレージメカニズムについてのヒントを与えるものではありません。

オブジェクトがリードモデルリポジトリであるのは次の場合

- そのオブジェクトが、特定のユースケースに適合するクエリメソッドを持ち、同じくそのユースケースに特化したリードモデルを返す場合

オブジェクトがリードモデルであるのは次の場合

- クエリメソッドのみを持つ、つまりクエリオブジェクトである（したがってイミュータブルである）場合。
- あるユースケースに特化して設計されている場合。
- 必要十分なデータが、オブジェクトを取得した瞬間に利用可能である場合。

　リードモデルリポジトリと情報の断片を返す通常のサービスとの区別は、それほど明確ではないことに注意してください。たとえば、あるアプリケーションサービスが、ある通貨から別の通貨に変換するために為替レートを必要とする状況を考えてみましょう。このような情報を提供できるサービスは基本的にリポジトリであると言ってもよいでしょう。そこから通貨変換のための為替レートを取得できるからです。こういったサービスは、私たちが把握しないところで定義された為替レートの「コレクション」にアクセスできます。しかし、依然としてこれを通常のサービスとみなすこともでき、`ExchangeRateProvider`などと呼ぶこともできます。

　要は、これらすべてのサービスには抽象（例として次のリストを参照）と具象実装が必要だということです。なぜなら、抽象は何を求めているかを記述し、実装はそれをどのように取得するかを記述するためです。

例10-10　通常のサービス

```
namespace Application\ExchangeRates;

interface ExchangeRateProvider ❶
{
    public function getRateFor(
        Currency from,
        Currency to
    ): ExchangeRate;
}

final ExchangeRate            ❷
{
    // ...
}
```

❶　抽象とは、私たちが尋ねている質問を表すインタフェースのこと。
❷　インタフェースが使用する戻り値の型も抽象の一部である。なぜなら、私たちはこれらの値をどのように使用できるかに関心があるが、そのデータがどのように得られるかには関心がないため。

　設計という点では、いくつかのオブジェクトはほかのオブジェクトとあまり変わりません。たとえば、ドメインイベントはバリューオブジェクトによく似ています。これらは、ともに使われるデータを保持するイミュータブルなオブジェクトです。ドメインイベントとバリューオブジェクトの違いは、それがどこでどのように使われるかにあります。ドメインイベントは、エンティティ内部で作成・記録され、後で発行されます。バリューオブジェクトはエンティティのある側面をモデル化します。

10.8　抽象、具象、レイヤ、および依存関係

　ここまで、一般的なWebアプリケーションやコンソールアプリケーションで見られる、さまざまな種類のオブジェクトを見てきました。これらのオブジェクトが持つメソッドの型、公開する情報の種類、提供する振る舞いの種類などの特定の特徴のほかに、**抽象的**か**具象的**かや、これらのオブジェクトがどのような方法で互いに**依存している**かも考慮する必要があります。

　抽象的かどうかという意味では、これまで説明してきた種類のオブジェクトは、次のような特徴を持つと定義できます。

- **コントローラは具象的**です。コントローラは多くの場合、特定のフレームワークと結合し、ユーザーからのリクエストの種類に特化していることが多いです。コントローラはインタフェースを持ちませんし、持つべきでもありません。代わりの実装を提供したいと思うのは、フレームワークを切り替えるときだけでしょう。その場合、コントローラの実装をもうひとつ作成するのではなく、コントローラを書き換えることになるでしょう。
- **アプリケーションサービスは具象的**です。アプリケーションサービスは、あなたのアプリケー

ションの非常に具体的なユースケースを表しています。もしユースケースのストーリーが変わればれば、アプリケーションサービス自体も変わるので、インタフェースを持ちません。

- **エンティティやバリューオブジェクトは具象的です。** これらは、開発者がドメインについて理解した具体的な結果です。これらの種類のオブジェクトは、時間とともに**進化**します。これらのオブジェクトには、インタフェースを提供しません。リードモデルオブジェクトも同様です。インタフェースを介することなく、そのまま定義して使用します。
- **（ライトモデルとリードモデルのための）リポジトリは、抽象と少なくともひとつの具象実装で構成されます。** リポジトリは、データベース、ファイルシステム、リモートサービスなど、アプリケーションの外部に接続するサービスです。そのため、サービスが何を行い、何を返すかを表す抽象が必要になります。そして、それをどのように行うかについての低レベルの詳細は、実装が提供します。同じことは、アプリケーションの外部にあるサービスにアクセスするほかのサービスオブジェクトにも当てはまります。これらのサービスも、インタフェースと具象実装が必要です。

先ほどのリストで抽象を持つとされたサービスは、抽象的な依存関係として注入される必要があります。そうすれば、3つの有用なオブジェクト群、すなわちレイヤを形成できます。

1. **インフラストラクチャ**レイヤ：
   - コントローラ
   - ライトモデルリポジトリとリードモデルリポジトリの**実装**

2. **アプリケーション**レイヤ：
   - アプリケーションサービス
   - コマンドオブジェクト
   - リードモデル
   - リードモデルリポジトリの**インタフェース**
   - イベントリスナ

3. **ドメイン**レイヤ：
   - エンティティ
   - バリューオブジェクト
   - ライトモデルリポジトリの**インタフェース**

インフラストラクチャレイヤは、**外の世界**とのやりとりを取り持つコードを含むと考えると、**アプリケーション**と**ドメイン**の周りのレイヤとして描くことができます（**図10-5**を参照）。同様に、**アプリケーション**はドメインレイヤのコードを使用してタスクを実行するので、ドメインレイヤは

アプリケーションの最も内側のレイヤとなります。

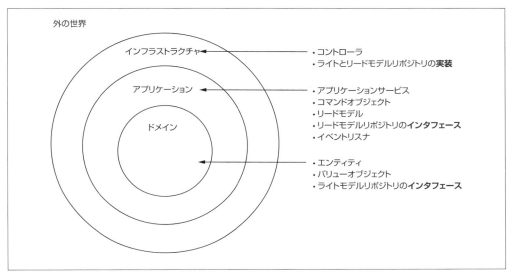

図10-5　レイヤは同心円状に可視化できる

　コードの中でレイヤの存在を示すために、レイヤ名をクラスの名前空間の一部にすると良いでしょう。本章のコードサンプルも、この規約を使用しています。抽象的な依存関係を注入することで、オブジェクトの依存方向を上から下への一方向に限定できます。たとえば、ライトモデルリポジトリを必要とするアプリケーションサービスは、その具象実装ではなく、リポジトリのインタフェースに依存することになります。これには2つの大きな利点があります。

　まず、アプリケーションサービスのコードをテストする際に、正しいスキーマを持った稼働中のデータベースなどが必要となる実際のリポジトリ実装が不要となります。これらのサービスにはすべてインタフェースがあり、簡単にテストダブルを作成できます。

　第二に、インフラストラクチャの実装を簡単に切り替えることができます。アプリケーションレイヤはフレームワークの切り替え（あるいはフレームワークの次のメジャーバージョンへのアップグレード）にも耐えられますし、データベースの切り替え（たとえば、リレーショナルデータベースよりグラフデータベースの方が良いと気付いたとき）やサービスの削除（為替レートを外部サービスから取得するのではなく、自分のローカルデータベースから取得したいとき）にも耐えられるのです。

10.9　まとめ

- アプリケーションのフロントコントローラは、受け取ったリクエストをコントローラのいずれかに転送します。これらのコントローラは、アプリケーションの**インフラストラクチャレイヤ**の一部であり、受け取ったデータをどのようにアプリケーションサービスやリードモデルリポジトリの呼び出しに変換するかを知っています。アプリケーションサービスやリードモデルリポジトリはどちらも**アプリケーションレイヤ**の一部です。

- アプリケーションサービスは、ユーザーからのリクエストがどのように来たかには関係なく、Webアプリケーションでもコンソールアプリケーションでも同じように簡単に使用できます。アプリケーションサービスは、アプリケーションのユースケースのひとつと考えられているタスクを実行します。その過程で、ライトモデルリポジトリからエンティティを取り出し、そのメソッドを呼び出し、変更された状態を保存することがあります。エンティティ自体は、そのバリューオブジェクトを含めて、**ドメインレイヤ**の一部です。

- リードモデルリポジトリは、情報を取得するために使用できるサービスです。リードモデルリポジトリは、あるユースケースに特化し、必要十分な情報を提供するリードモデルを返します。

- 本章で説明した種類のオブジェクトは、自然とレイヤを形成します。コードが下位のレイヤのコードのみに依存するレイヤシステムは、ドメインとアプリケーションのコードをアプリケーションのインフラストラクチャ面から分離する方法を提供します。

11章
エピローグ

本書の狙いは、クラスやメソッドの宣言に反映できるような、オブジェクト設計の基本的なルールを提供するスタイルガイドとなることです。これらのルールの多くについては、ルールに従わない場合に警告を発する静的解析ツールを構築できます。このようなツールを使って、たとえば状態を変更し、**かつ**何かを返すようなメソッドに対して警告を出すことができます。あるいはサービスの作成後に、振る舞いを変更するメソッドを持つサービスに対して警告することもできます。

ここでコメントしたいことが2つがあります。まず、ルールに従うことは大切ですが、特殊なケースではルールを緩めることを許容しましょう。たとえば、長期間にわたって保守する必要のないコードで、品質があまり重要でない場合などです。また、**すべて**のルールを適用するには多くの労力が必要で、その労力を上回るメリットがない場合もあります。ただし、早合点は禁物です。現実のシナリオの95％は、近道をする必要がないケースだと私は考えています。

第二に、これらのルールがオブジェクト設計のすべてではありません。どのようなオブジェクトが必要なのか、その責務はどうあるべきかなどについては教えてくれません。私にとって、本書のルールは、ほとんど何も考える必要もないほど自然と頼っているルールなのです。そのため、いろいろなことを試したり、いろいろなことに精神的なエネルギーを使ったりする余地が生まれるのです。

本章では、アプリケーション開発における認知的負担の一部を軽減するためのもうひとつのトピックとして、アーキテクチャパターンを挙げたいと思います。また、本書を読んだ後にみなさん

の興味を引くであろうトピックとして、テストとドメイン駆動設計（DDD）の2つを紹介したいと思います。この2つの分野は、オブジェクト設計についてより多くのことを知るのに役立ちます。

11.1　アーキテクチャパターン

　前章で、ある種のオブジェクトがどのように自然とレイヤを形成するかについて説明しました。レイヤによってアプリケーション全体を構成すること（これはアーキテクチャの領域と考えるべきです）に加えて、アプリケーションが外の世界と接続する方法を意識することが重要です。アプリケーションが外の世界とやりとりする方法を認識することで、このやりとりを実際に行うコードとアプリケーションの中核となるコードをきれいに分離できます。このようなアーキテクチャのアプローチは、**ヘキサゴナルアーキテクチャ**や**ポートアンドアダプタ**と呼ばれます。

　このトピックについては、Vaughn Vernon著『実践ドメイン駆動設計』（翔泳社、2015年、原書 "Implementing Domain-Driven Design" Addison-Wesley Professional）の4章をご覧になることをお勧めします。また、私自身の記事の中にも、このトピックに関連するものがいくつかあります。

- "Layers, ports & adapters-Part 2, Layers"、http://mng.bz/2Jao
- "Layers, ports & adapters-Part 3, Ports & Adapters"、http://mng.bz/1wMQ
- "When to add an interface to a class"、http://mng.bz/POx8

11.2　テスト

　本書では、オブジェクト設計について説明しましたが、それに加えて、いくつかのテスト技法についても見てきました。オブジェクトをテストしながら設計することは、とても有用です。テストファーストのアプローチを採用すると、実際に必要な振る舞いを実装するのに必要なコードしか書いていないことに気付くでしょう。テストは、あなたが設計したオブジェクトがあなたが想定したとおりに使用できることを証明します。そして、エッジケースの可能性を考えついたり、オブジェクトの背後にあるコードのバグに遭遇したりした場合には、いつでもその状況をテストケースに記述し、失敗することを確認し、そして修正できます。

11.2.1　クラステストとオブジェクトテスト

　私は**オブジェクト**のテストについて話していることに注意してください。私も含めて、開発者はしばしばオブジェクトではなく**クラス**をテストする傾向があることに気付きました。これは微妙な違いに見えるかもしれませんが、結果はかなり異なります。**クラス**をテストする場合、通常、あるクラスのひとつのメソッドをテストし、その依存関係をすべてテストダブルで置き換えます。このようなテストでは、メソッドの呼び出しが行われることを検証したり、オブジェクトからデータを

取り出すためにゲッタを追加することになり、結局のところ実装に近すぎるテストになってしまいます。

クラスをテストするこのようなテストは、**ホワイトボックステスト**であると考えることができます。それとは対照的なテストである**ブラックボックステスト**は、間違いなくホワイトボックステストよりも望ましいです。ブラックボックステストは、クラスの内部をまったく把握していない状態で、外部から見たオブジェクトの振る舞いをテストします。システムの境界を越えるようなオブジェクトのみに対して、テストダブルを使用してオブジェクトをインスタンス化します。それ以外は、すべて本物です。このようなテストは、単一のクラスだけでなく、より大きなコードの単位が全体としてうまく動作することを示すものです。

クラステストは、クラス自体に加えられる変更に伴って常に変化します。オブジェクトテストは、テスト対象のオブジェクトの実装からより切り離されているため、長期的にはオブジェクトテストの方が有用です。実際、テストのルールとして次のようなものがあります。可能な限り、テストコードを変更せずに実装の詳細を変更できるようにしましょう。

11.2.2 トップダウンの機能開発

ソフトウェアをテストするときに注意しなければならないもうひとつのことは、扱う内容の詳細さです。私も含めて開発者は、小さな部品、つまり後で機能を完成させるために使用するビルディングブロックに取り組むことを好むことが多いようです。ある機能を完成させるために必要なものをすべて考え、たとえばリポジトリ、データベーステーブル、エンティティなど、すべての材料を作成し始めることがよくあります。そして、すべての部品をつなげようとすると、いくつかの間違った仮定をしたために最終的にビルディングブロックがうまく機能しないことに気がつき、それらを見直さなければならないことがよくあります。これでは、せっかくの開発に捧げた努力が無駄になってしまいます。

私は、逆の方向、つまりより大きな絵から始めることをお勧めします。まず、その機能がどのように使われるかを定義しましょう。ユーザーシナリオを記述したり、インタラクションのスケッチを作成するといったことです。言い換えれば、あなたの仕事が完了した時に、アプリケーションに期待する高レベルな振る舞いを指定するのです。低レベルの詳細には、あまり急いで入り込まないようにしましょう。アプリケーションをブラックボックスとしてみた時に、アプリケーションが何ができるべきかがひとたび明確になれば、より深いレイヤに降りていき、すべての必要なコードを書くことができます。

アプリケーションの振る舞いの記述は、テストによって行われるべきです。このトップダウン開発スタイルは、完全にテスト駆動となります。完成した機能を記述する高レベルのテストは、より低レベルのテストがすべて成功するまで成功しません。**図11-1**に示すように、より低レベルのテストに合格するようにしながら、徐々に高レベルのテストにも合格できるようにすることで機能を

完成させることができます。

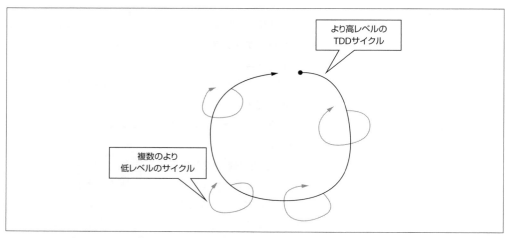

図11-1 高レベルのTDDサイクルは、いくつかの低レベルのTDDサイクルを成功させた後に終了する

このアプローチについてのすばらしい本が、『テスト駆動開発』（Kent Beck著、オーム社、2017年、原書 "Test-Driven Development: By Example" Addison-Wesley Professional）です。

もしあなたのテストに対するアプローチとして、ソフトウェア開発に対するこのトップダウンアプローチを採用すると、受入可能かどうかを自動的に教えてくれる基準が手に入ります。そうすることで、あなたの作ったものが実際に必要とされたものであることを証明するのに役立つでしょう。

この魅力的なトピックについてもっと知るには次の3冊をご覧ください。"Specification by Example: How Successful Teams Deliver the Right Software" Gojko Adzic著（Manning、2011年）、"Bridging the Communication Gap: Specification by Example and Agile Acceptance Testing" Gojko Adzic著（Neuri、2009年）、"Discovery: Explore Behaviour Using Examples" Gáspár Nagy、Seb Rose著（BDD Books、2018年）[1]（これは製作中のシリーズの一部です[2]）。

11.3　ドメイン駆動設計

アプリケーションにどのような種類のオブジェクトを持たせるべきかについて、より多くの手がかりを探しているのであれば、ドメイン駆動設計（DDD）は調べるべき優れた分野だと思います。その背景にある考え方は、問題のドメインについて学び、その知識をアプリケーションのドメインモデルに反映させるというものです。**ドメインファーストのアプローチを採用することは、データ**

---

†1　訳注：Leanpubにて日本語訳も出版されている。https://leanpub.com/bddbooks-discovery-jp
†2　訳注：続編の "Formulation: Express examples using Given/When/Then" Gáspár Nagy、Seb Rose著（BDD Books、2021年）も出版されている。

ベースのテーブルやカラムのようなインフラストラクチャに関する詳細ではなく、設計に焦点を当てることにつながります。

　DDDの戦略的側面は非常に魅力的ですが、オブジェクト設計の観点からは、戦術的なアドバイスから最も有用な示唆を得ることができます。『エリック・エヴァンスのドメイン駆動設計』Eric Evans著（翔泳社、2011年、原書 "Domain-Driven Design"）と『実践ドメイン駆動設計』Vaughn Vernon著（翔泳社、2015年、原書 "Implementing Domain-Driven Design"）をご覧ください。これらには、エンティティやバリューオブジェクト、およびほかの関連する種類のオブジェクトを設計するための多くの実用的な提案が含まれています。

11.4　まとめ

　当然のことながら、オブジェクト設計、そしてソフトウェア開発およびアーキテクチャ全般について、まだまだ知るべきことはたくさんあります。オブジェクト設計に関して、本書が良い基礎となり、さらに学ぶための有用なポインタを提供できていたら幸いです。日々、学ぶべきことに出会うでしょうから、どんどん試してみてください。幸運を祈ります！

付録A
サンプルコードのコーディング規約

　本書のコードサンプルで使用しているプログラミング言語は、一般化されたオブジェクト指向プログラミング言語です。その構文はPHPとJavaを混ぜたようなものです。この言語は以下のような特性を持っています。

- この言語は強い型付け言語です。引数と戻り値には明示的な型が必要です。

```
public function foo(Bar bar): Baz
{
    // `Baz`インスタンスを返す
}
```

- 引数、プロパティ、戻り値の型は、最後にクエスチョンマークを付けることで、値としてnullを許容することができます。

```
public function foo(Bar? bar): Baz?
{
    // `Bar`インスタンスもしくは`null`を受け入れる
    // `Baz`インスタンスもしくは`null`を返す
}
```

- 引数や戻り値の型の後にクエスチョンマークを付けない場合、nullはその値として認められません。

```
public function foo(Bar bar): Baz
{
  // `bar`は`Bar`インスタンスとなり、`null`になることはない
  // `Baz`インスタンスを返す必要がある
}
```

- voidは、関数が何も返さない場合に使用できる特別な戻り値型です。

```
public function bar(): void
{
    // 何も返さない
}
```

- 型として使うことができるのは、クラス名、プリミティブ（string、int、float、bool）、配列（array）、callable（callable）、汎用オブジェクト（object）です。

```
public function foo(Bar bar, string baz): callable
{
    // callableを返す
}
```

- callableは、ほかの関数に渡すことができる関数です。

```
// これは`foo()`によって返されたcallableを実行する
this.foo()();
```

- パブリックオブジェクトのメソッドは、callableとして渡すことができます。

```
eventDispatcher.addListener([object, 'methodName']);
```

- オブジェクトのコンストラクタメソッドは、常に__construct()と呼ばれます。クラスは、拡張ができないようにfinalとすることができます。オブジェクトのメソッドでは、thisはメソッドが呼び出されているオブジェクトへの参照となります。

```
final class Foo
{
    private string foo;
    public function __construct(string foo)
    {
        this.foo = foo;
    }
}
```

- コンストラクタはオブジェクトのインスタンス化の後ではなく**途中**に呼ばれます。つまり、コンストラクタの内部で例外を投げると、インスタンス化が中断され、結果としてnull値が返されます。

```
try {
    // コンストラクタで例外が投げられると
    foo = new Foo();
} catch (Exception exception) {
    // `foo`は`null`になる
}
```

● メソッドやプロパティには、private、protected、publicのいずれかのスコープを設定
することができます。このスコープはオブジェクトではなくクラスに関するものですので、
どのオブジェクトも**同じ型**のほかのオブジェクトのプライベートプロパティやメソッドにア
クセスできます。

```
final class Foo
{
    private string foo;

    public function equals(Foo other): bool
    {
        return this.foo == other.foo;
    }
}
```

● interfaceは、一連のパブリックメソッドを、その実装を提供することなく定義します。

```
interface Foo
{
    public function bar(Baz baz): string;
}
final class FooBar implements Foo
{
    public function bar(Baz baz): string
    {
        return 'Hello, world!';
    }
}
```

● この言語は型推論をサポートしています。つまり、変数の型は、代入される値から導出でき
るのであれば、省略可能であるということです。

```
final class Foo
{
    private foo;

    public function __construct(string foo)
    {
        /*
```

```
         * 引数の `foo` は `string` であるとわかっているので、
         * `foo` プロパティに `string` であると宣言する必要はありません。
         */
        this.foo = foo;

        /*
         * 引数の `foo` は `string` であるとわかっているので、
         * それを変数 `bar` に代入する際にその変数の型を宣言する必要はありません。
         */
        bar = foo;
    }
}
```

- array型は、使い方次第でリストやマップのように振る舞います。

```
list = [
    'foo',
    'bar'
];
// `list` にもうひとつ要素を追加：
list[] = 'baz';

map = [
    'foo' => 20,
    'bar' => 30
];
// `map` にもうひとつ要素を追加：
map['baz'] = 40;
```

- クラスには名前空間があり、use文を使ってほかの名前空間からクラスをインポートできます。

```
namespace Namespace\Subnamespace\Etc;
use From\Other\Namespace\Bar;

final class Foo
{
    public function __construct(Bar bar)
    {
    }
}
```

- オブジェクトは、オブジェクトの完全なクラス名を文字列で表すマジック定数を持っています。

```
// これは `Foo` となる
Foo.className
```

- この言語には、strpos()、file_get_contents()、json_encode() などの関数や、こ

れらの関数の振る舞いに影響を与えるグローバル定数などを提供する標準ライブラリがあります。

```
originalJsonData = file_get_contents('/path/to/file.json');
decodedData = json_decode(originalJsonData);

jsonDataEncodedAgain = json_encode(
    decodedData,
    JSON_THROW_ON_ERROR | JSON_FORCE_OBJECT?);
```

● 値を比較するには、比較する値の型を考慮した==を使用します。オブジェクトを比較する場合、まったく同じオブジェクトを参照している場合のみ、==はtrueになります。

```
'a' == 'a'; // true
'a' == 1; // error
new Foo() == new Foo(); // false

foo = new Foo();
bar = foo;
foo == bar; // true
```

● 任意の例外を投げることができ、その例外によってコードの実行が停止します。例外をキャッチすることで、例外から回復することができます。組込みの例外クラスは拡張可能です。

```
try {
    // ...

    throw new RuntimeException('Message');

    // ここのコードは実行されない
} catch (Exception exception) {
    // 必要に応じて例外を使った処理を行う
}

final class CustomException extends RuntimeException
{
    // ...
}
```

● clone演算子を使うと、オブジェクトのコピーを作成することができます。

```
foo = new Foo();
copy = clone foo;
```

付録B
スタイルガイド早見表

```
final class Service                                    ❶
{
    private properties;                                ❷
    // ...

    public function __construct(                       ❸
        dependencies,                                  ❹
        configurationValues
    ) {
        // ...                                         ❺
    }

    public function commandMethod(input, context): void ❻
    {
        // ...                                         ❼
    }

    public function queryMethod(input, context): returnType ❻
    {
        // ...                                         ❽
    }
}
```

❶ 拡張可能にしない。
❷ すべてのプロパティはイミュータブル。
❸ すべての引数は必須。文脈に関する情報は渡さず、サービスを再利用可能にする。
❹ 依存関係はサービスロケータではなく実際の依存関係。
❺ プロパティに引数を代入するだけ。
❻ タスクに関連するデータや文脈に関する情報（現在時刻、現在のユーザーなど）だけを渡す。
❼ 入力された引数を検証する。タスクを実行する。副作用を発生させる。
❽ 入力された引数を検証する。副作用は発生させず、情報を返すのみ。

```
final class Entity                                     ❾
{
    private properties;                                ❿

    private array events = [];
```

```
    private function __construct()
    {
    }

    public static function namedConstructor(values)       ⑪
    {
        // ...                                            ⑫
    }

    public function commandMethod(input, context): void  ⑬
    {
        // ...                                            ⑭
    }

    public function queryMethod(): returnType            ⑮
    {
        // ...
    }

    public function releaseEvents(): array
    {
        // ...                                            ⑯
    }
}
```

❾　拡張可能にしない。
❿　プロパティはミュータブルでも良い。
⑪　オブジェクトをインスタンス化する際の意味のある方法として、名前付きコンストラクタを使う。
⑫　引数を検証する。新しいコピーをインスタンス化する。プロパティに引数を代入する。ドメインイベントを記録する。
⑬　タスクに関連するデータや文脈に関する情報（現在時刻、現在のユーザーなど）だけを渡す。
⑭　入力された引数を検証する。状態の遷移を検証する。ドメインイベントを記録する。
⑮　状態を公開するクエリメソッドの数を制限する。
⑯　記録されたドメインイベントを返す。

```
final class ValueObject                                   ⑰
{
    private properties;                                   ⑱

    private function __construct()
    {
    }

    public static function namedConstructor(values)      ⑲
    {
        // ...                                            ⑳
    }

    public function modifier(input): ValueObject          ㉑
    {
        // ...                                            ㉒
    }

    public function queryMethod(): returnType             ㉓
    {
```

```
        // ...
    }
}
```

⓱ 拡張可能にしない。

⓲ すべてのプロパティはイミュータブル。

⓳ オブジェクトをインスタンス化する際の意味のある方法として、名前付きコンストラクタを使う。

⓴ 引数を検証する。新しいコピーをインスタンス化する。プロパティに引数を代入する。ドメインイベントを記録する。

㉑ モディファイアには宣言的な名前をつける（例：with...()）

㉒ オリジナルを修正したコピーを返す。

㉓ クエリメソッドの数を制限する。

訳者あとがき

　本書は "Object Design Style Guide"（Matthias Noback 著、Manning Publications、2019年）の日本語訳です。より良いオブジェクト指向のコードを書くのに役立つルールを提案をするというのが本書の狙いです。「スタイルガイド」という言葉がタイトルに入っていることが示しているように、本書が提案するのはドメインやプロジェクトにかかわらず適用できるようなコードレベルでのルールです。これが本書の最大の特徴だと思います。

　オブジェクト設計においては、考える必要のある事柄がたくさんあります。中でも、どのようなオブジェクトが必要で、それらにどういった責務を持たせるのかを考えるのは非常に重要です。しかし、本書ではそういったことについてはあまり語られません。あくまでもコード上のクラスやメソッドの宣言においてどういったルールを適用すると良いのかという提案にとどめています。

　こうすることのメリットはなんでしょうか？ そのヒントは序文にあります。そこで著者は「これらの提案（または「ルール」）に従うことで、コードの些細な部分から、もっと注意を払うに値する興味深い部分へとみなさんの焦点を移すことができると思います」と述べています。つまり、オブジェクト設計において相対的に重要度の低い部分については本書で提案するようなルールに従うことで認知的負荷を低減し、より重要な部分に集中してほしいというのが著者の主張だと読み解けます。

　私が本書を翻訳しようと思ったきっかけもこの著者の主張にあります。ソフトウェアエンジニアが生み出すコードには、さまざまな観点での品質が求められます。テストのしやすさ、機能追加のしやすさ、バグの少なさ、脆弱性の少なさ、動作の高速さ、スケールの容易さ、運用中の監視のしやすさなど、枚挙に遑がありません。そういった品質を満たすために、ソフトウェアエンジニアは多くのことを考える必要があります。

　本書の内容が良いと思ったら、ぜひみなさんのチームで勉強会をしたり、本書が提案するルールへの賛否について議論してみてください。必ずしも本書が提案するルールに従うことが良いとは限りませんが、本書のようにルールを明文化しておくことにはチーム全体を底上げする効果があるはずです。

　また初めて本書を読んだとき、私は『ThoughtWorksアンソロジー』（オライリー・ジャパン、ThoughtWorks Inc.著、2008年）という書籍の「5章 オブジェクト指向エクササイズ」を思い出しました。そこでは「1つのメソッドにつきインデントは1段階までにすること」や「else句を使用しないこと」といった9つのルールが紹介されています。これらのルールを、1000行程度のコードベースに適用するという練習を通して、より良いオブジェクト指向の考え方を身につけるというのがこの文章の狙いです。

　本書はこのオブジェクト指向エクササイズを、現代的にアップデートしたものと考えることもできると思います。本書のルールに従ったコードを書くという練習を通して、より良いオブジェクト設計への理解を深めるといった使い方もできるでしょう。

　本書によって、みなさんの日々の開発における認知的負荷を少しでも減らすことができれば、訳者としてこれほどうれしいことはありません。

　このようなすばらしい書籍を世に送り出し、また翻訳中の私からの質問に快く回答してくださったMatthias Nobackさんには非常に感謝します。本書を通してMatthiasさんの考えが日本でも広く広がることを願っています。

　オライリー・ジャパンの高恵子さんには本書の翻訳の機会をいただき、たいへん感謝します。そして、翻訳期間中も辛抱強く私を支えてくれた妻の由梨子と息子の啓太に感謝します。

2023年7月

田中　裕一

索引

Q

Quantity クラス 118
QueryBuilder.where() メソッド 147
QueryBuilder クラス 145
Queue クラス 201

R

Range クラス 137
ReceiveItems クラス 211, 215
Recipients クラス 195
recordedEvents() メソッド 115, 141
RecordsEvent インタフェース 246
register() メソッド..185
RegisterUserController クラス 184
RegisterUser クラス 184, 193
removeListener() メソッド 55
ReplaceParametersWithEnvironmentVariables
      クラス 235
Request オブジェクト 51
ReservationRequest クラス 77
ResponseFactory 46
Router クラス 63
RuntimeException 82, 154, 198
Run クラス 88

S

SalesInvoiceId クラス 117
SalesInvoice クラス 114, 145
SalesOrder クラス 97, 138
save() メソッド..................................... 39, 52, 198, 262
ScheduleMeetup クラス 105
sendConfirmationEmail() メソッド.....................195
SendMessageToRabbitMQ クラス 201
sendPasswordChangedEmail() メソッド 191
sendRequest() メソッド...229
SendUserPasswordChangedNotification.............240
ServiceContainer クラス 67
ServiceLocator クラス 35
ServiceRegistry.get() メソッド 44
Session オブジェクト 51
set() メソッド...198

setLogger() メソッド 42
setPasswordHasher..95
setPrice() メソッド 148
ShoppingBasket クラス 168
simplexml_load_file() メソッド 45
someVeryComplicatedCalculation() メソッド 155
SpecificException クラス 82
startWith() メソッド...126
StockReportController クラス 212, 218
StockReportRepository クラス 218, 218
StockReport クラス 218
string date引数..99
String() メソッド..97
strpos() メソッド..47

T

targetCurrency 87
TemplateRenderer 68
time() メソッド...47
toInt() メソッド...97
TotalDistanceTraveled クラス 136
toTheLeft() メソッド 128, 131
translate() メソッド 54, 61
Translator クラス 54

U

uniqueEmailAddresses() メソッド 196
UpcomingMeetup 271
UpcomingMeetupRepository 271
update() メソッド..262
UserId クラス 120
UserPasswordChanged クラス 192, 238
UserRepository クラス 38
User クラス 85, 94, 121
Uuid.create() メソッド 51
Uuid オブジェクト 50

V

validate() メソッド 106
void 型..130, 141, 161, 184, 189

●著者紹介

Matthias Noback（マティアス・ノバック）

2003年からプロのWeb開発者でオランダのザイストに、ガールフレンド、息子、娘と暮らしている。Noback's OfficeというWeb開発、トレーニング、コンサルティングの会社を経営しており、バックエンド開発とアーキテクチャに強い関心を持ち、ソフトウェアを設計するためのより良い方法を常に探している。

2011年以来、matthiasnoback.nlでプログラミング関連のあらゆるトピックについてブログを書いている。著書は"A Year with Symfony"（Leanpub、2013年）、"Microservices for Everyone"（Leanpub、2017年）、"Principles of Package Design"（Apress、2018年）がある。連絡はメール（info@matthiasnoback.nl）またはTwitter（@matthiasnoback）で。

●訳者紹介

田中 裕一（たなか ゆういち）

1982年、東京生まれ。東京工業大学情報理工学研究科計算工学専攻修士課程修了。2007年にサイボウズ株式会社に入社し、企業向けグループウェアの開発に従事。その後2018年にギットハブ・ジャパン合同会社に入社し、現在に至る。訳書に『システム運用アンチパターン』（オライリー・ジャパン）がある。

オブジェクト設計スタイルガイド

2023年7月5日　　　　初版第1刷発行

著　　　者	Matthias Noback（マティアス・ノバック）	
訳　　　者	田中 裕一（たなか ゆういち）	
発 行 人	ティム・オライリー	
制　　　作	株式会社スマートゲート	
印刷・製本	株式会社平河工業社	
発 行 所	株式会社オライリー・ジャパン	
	〒160-0002 東京都新宿区四谷坂町12番22号	
	Tel（03）3356-5227	
	Fax（03）3356-5263	
	電子メール　japan@oreilly.co.jp	
発 売 元	株式会社オーム社	
	〒101-8460 東京都千代田区神田錦町3-1	
	Tel（03）3233-0641（代表）	
	Fax（03）3233-3440	

Printed in Japan（ISBN978-4-8144-0033-1）